R. Weber

Nachtrag zu dem Handbuche der analytischen Chemie von Heinrich Rose

Atomgewichts-Tabellen zur Berechnung der bei

analytisch-chemischen Untersuchungen erhaltenen

Resultate

bremen university press

R. Weber

Nachtrag zu dem Handbuche der analytischen Chemie von Heinrich Rose

Atomgewichts-Tabellen zur Berechnung der bei analytisch-chemischen Untersuchungen erhaltenen Resultate

ISBN/EAN: 9783955621872

Auflage: 1

Erscheinungsjahr: 2013

Erscheinungsort: Bremen, Deutschland

bremen
university
press

NACHTRAG

ZU DEM

HANDBUCHE

DER

ANALYTISCHEN CHEMIE

VON

HEINRICH ROSE.

ATOMGEWICHTS-TABELLEN

ZUR BERECHNUNG DER

BEI ANALYTISCH-CHEMISCHEN UNTERSUCHUNGEN

ERHALTENEN RESULTATE

VON

R. WEBER.

BRAUNSCHWEIG,

DRUCK UND VERLAG VON FRIEDRICH VIEWEG UND SOHN.

1852.

Vorwort.

Nach dem Erscheinen der neuen Bearbeitung des Handbuches der analytischen Chemie von Heinrich Rose war es nöthig, die den früheren Auflagen dieses Werkes beigefügten Tabellen einer Umrechnung zu unterwerfen, da seit 1838 der grösste Theil der Atomgewichte der Elemente auf's Neue bestimmt und die Zahlenwerthe derselben mehr oder weniger verändert worden sind. Von Herrn H. Rose aufgefordert, diese Berechnung zu übernehmen, übergebe ich jetzt nach Beendigung dieser Arbeit diese Tabellen den Chemikern zur Benutzung.

Es möchte Manchem vielleicht überflüssig erscheinen, diese Tabellen in der alten Form und in dieser Ausdehnung wieder zu erhalten, da ein Jeder mit Leichtigkeit vermittelst der Atomgewichte und ihrer Logarithmen diese Berechnungen selbst ausführen kann, allein aus eigener mehrjähriger Erfahrung habe ich kennen gelernt, wie bequem und zeitersparend die Benutzung solcher Tabellen ist, besonders wenn man täglich viele solcher Berechnungen auszuführen hat. Aus diesem Grunde habe ich die frühere Form derselben beibehalten.

Um bei der Berechnung Fehlern zu entgehen und eine Controle für die Richtigkeit der Resultate zu erhalten, habe ich sie nach zwei Methoden ausgeführt, einmal auf die gewöhnliche Weise und dann mit Hülfe der Logarithmen. Der Druck ist mit Sorgfalt revidirt worden. Die Erläuterungen zu den Tabellen sind mit geringen Abänderungen aus den früheren Auflagen in diese neue wieder aufgenommen.

Berlin, im November 1851.

R. Weber.

Inhalt.

Bei der quantitativen chemischen Analyse einer Substanz erhält man bekanntlich die näheren Bestandtheile derselben selten für sich und durch unmittelbare Wägung, sondern häufig verbunden mit anderen Stoffen, z. B. den Schwefel und die Schwefelsäure als schwefelsaure Baryterde. Oft geschieht es auch, dass eine Verbindung, welche einen Bestandtheil der zerlegten Substanz ausmacht, z. B. ein Oxyd, durch den Gang der Analyse in eine andere Verbindung, z. B. in eine Chlor- oder Schwefelverbindung umgewandelt, und diese statt jener abgeschieden wird. Endlich tritt auch zuweilen der Fall ein, dass man es der grössern Genauigkeit wegen vorzieht, statt des näheren Bestandtheils einer Substanz lieber den entfernteren zu bestimmen, wovon die Ausscheidung des Quecksilbers statt des Quecksilberoxyds ein Beispiel liefert.

In allen diesen und in ähnlichen Fällen ist man genöthigt, das Gesuchte, die Mengen der näheren Bestandtheile der zu analysirenden Substanz, aus den bei der Analyse erhaltenen zusammengesetzten oder einfachen Stoffen erst zu berechnen.

Zur möglichsten Erleichterung solcher Rechnungen sind die folgenden Tafeln entworfen.

In der ersten Spalte dieser Tafeln sind unter der Ueberschrift: Gefunden, die Namen der Substanzen angegeben, welche bei analytischen Untersuchungen gefunden werden, und deren Menge man durch unmittelbare Wägung bestimmen kann. Zugleich sind von diesen Körpern die chemischen Formeln, deren sich Berzelius bediente, um ihre Zusammensetzung symbolisch auszudrücken, mit angeführt, um jede Zweideutigkeit zu vermeiden, die in manchen

1

Fällen, hinsichtlich der Zusammensetzung, durch den blossen Namen entstehen könnte.

In der zweiten Spalte, welche die Ueberschrift: Gesucht führt, sind die Namen von den Substanzen angegeben, deren Menge aus dem Gewichte der Substanzen der ersten Spalte berechnet werden soll. Auch hierbei sind die chemischen Formeln angegeben.

In der dritten Spalte, welche mit 1 bezeichnet ist, findet man die Menge der in der zweiten Spalte aufgeführten (gesuchten) Substanz, welche in 1,00000 Theilen von irgend einer Gewichtsbestimmung der in der ersten Spalte angegebenen (gefundenen) Substanz enthalten ist, oder 1,00000 Theilen derselben entspricht. Durch Verrückung des Kommas um 1, 2, 3 u. s. w. Stellen nach rechts erfährt man die Mengen der gesuchten Substanz in 10, 100, 1000 u. s. w. Theilen der gefundenen Substanz.

In den folgenden acht Spalten mit den Ueberschriften 2, 3, 4, 5, 6, 7, 8 und 9 sind die Mengen der gesuchten Substanzen enthalten, welche in 2,00000, 3,00000, 4,00000, 5,00000, 6,00000, 7,00000, 8,00000 und 9,00000 Theilen von irgend einem Gewicht der daneben stehenden gefundenen Substanzen enthalten sind oder denselben entsprechen.

Durch blosse Addition ist es nun leicht, aus jeder beliebigen Gewichtsmenge der gefundenen Substanzen die zugehörige Menge der gesuchten Substanz zu finden, wenn man für jede Ziffer der Gewichtsmenge der gefundenen Substanz die Zahlen addirt, die in den letzten 9 Spalten der Tafel unter den Zifferüberschriften neben den gesuchten Substanzen stehen. Da jedoch die in den Spalten unter 1, 2 u. s. w. bis 9 angegebenen Zahlen der gesuchten Substanz 1,00000, 2,00000 u. s. w. Theilen der gefundenen Substanz entsprechen, so muss, wenn man die entsprechenden Mengen für 0,1, 0,01, 0,001 u. s. w. Theile der gefundenen Substanz wissen will, das Komma um eine, zwei, drei u. s. w. Stellen nach links gerückt werden. Auf dieselbe Weise wird das Komma nach rechts gerückt, wenn man die entsprechende Menge für 10, 100, 1000 u. s. w. Theile der gefundenen Substanz wissen will.

Will man z. B. wissen, wie viel Kali in 2,658 Grm. schwefelsaurem Kali enthalten sind, so sucht man in der XXI. Tafel Kalium das schwefelsaure Kali auf, und addirt folgende Zahlen zusammen:

Aus der Spalte:

2 (das Komma unverändert) . . 1,08124

6 (das Komma um eine Stelle nach
links gerückt). 0,32437

5 (das Komma um zwei Stellen
nach links gerückt) 0,02703

8 (das Komma um drei Stellen
nach links gerückt). . . . 0,00432

2,658 Grm. schwefelsaures Kali enthalten . 1,43696 Grm. Kali.

Man sieht leicht ein, dass man bei fast allen Berechnungen die letzten Ziffern der Zahlen, welche addirt werden sollen, weglassen kann, ohne dadurch einen einflussreichen Fehler zu begehen.

Durch diese Einrichtung der Tafeln, welche zuerst P o g g e n - d o r f f (dessen Annalen, Bd. XXI. S. 609.) angewandt hat, vermeiden die, welche nicht gewohnt sind, sich bei Berechnungen der Logarithmen - Tafeln zu bedienen, eine grosse Menge von unangenehmen Multiplicationen und Divisionen. Aber auch für die, welche mit Logarithmen zu rechnen gewohnt sind, gewähren bei chemisch-analytischen Berechnungen diese Tafeln eine grössere Bequemlichkeit, als die Logarithmen - Tafeln. Sie geben ferner unendlich genauere Resultate, als die logarithmischen Rechenstäbe und die verschiebbaren Aequivalenten - Scalen, welche bei genauen Untersuchungen von keinem Chemiker gebraucht werden dürfen.

Die in den Tafeln enthaltenen Zahlen sind zum grössten Theil aus den Atomengewichten der einfachen Körper berechnet welche B e r z e l i u s angenommen, und welche er grösstentheils aus Versuchen hergeleitet hat, die von ihm selbst angestellt worden sind. In neueren Zeiten sind von einigen Chemikern die Atomengewichte mehrerer einfachen Körper auf's Neue bestimmt worden, und die Zahlen, welche sie aus ihren Untersuchungen hergeleitet haben, weichen von denen, welche B e r z e l i u s angenommen, mehr oder weniger ab. Die Atomengewichte mehrerer Körper werden jetzt von Vielen in ganzen Zahlen als gerade Multipla des Sauerstoffs oder des Wasserstoffs angenommen, indem sie in den Fällen, wo die Atomengewichtsbestimmung eine Zahl lieferte, deren Bruchtheil nur sehr wenig von der zunächst liegenden ganzen Zahl entfernt war, diese für das Atomengewicht des Körpers nahmen. Berzelius hat hierüber, so wie über mehrere der neueren Atomengewichtsbestimmungen seine Ansichten ausgesprochen (Lehrbuch der Chemie, 5te Auflage, Bd. III, S. 1181 — 1231) und die Gründe entwickelt, warum er zur Annahme dieser Zahlen nicht geneigt gewesen ist. Es sind aus diesem Grunde einige der Atomengewichte, welche Pelouze in neuerer Zeit bestimmt hat, gegen welche Berzelius Einwendungen erhoben, und deren Wiederholung Pelouze versprochen, bis jetzt aber noch nicht zur Ausführung gebracht hat, in die nachstehenden Tabellen nicht aufgenommen worden Damit man sich selbst von der Richtigkeit der in den Tafeln angegebenen Zahlen überzeugen kann, sind vor den Tafeln in der ersten Tabelle die Atomengewichte der einfachen Körper angegeben worden.

Die zweite Tabelle enthält die Aequivalentenzahlen der einfachen Körper, bei welchen der Wasserstoff, d. h. das doppelte Atomengewicht desselben 12,5 = H als Einheit angenommen ist, und nach welchen die Aequivalente der übrigen Körper berechnet sind.

Der Wasserstoff besitzt von allen einfachen Körpern das kleinste Atomengewicht; wird dasselbe als Einheit betrachtet, so geben die darnach berechneten Atomengewichte der übrigen Körper viel kleinere Zahlen, und diese sind häufiger gerade Multiplen vom Aequivalent des Wasserstoffs, als dies bei dem als Einheit angenommenen Sauerstoff der Fall ist. Da hierdurch die Berechnungen kürzer und einfacher werden, so ist von vielen Chemikern jetzt der Wasserstoff H = 1 angenommen worden, und da er in allen seinen Verbindungen stets in Doppelatomen (H = 12,5) enthalten ist, so betrachten die meisten Chemiker jetzt das doppelte Atomengewicht des Wasserstoffs als das einfache, und setzen für 12,5 = H. Dasselbe wird auch beim Chlor, Brom, Jod, Fluor und überhaupt bei allen den Körpern angenommen, die in ihren Verbindungen nur in Doppelatomen auftreten und als solche nur einander ersetzen können. Zum Unterschiede von den Atomen hat man sie Aequivalente genannt. Beim Vergleich der Zahlen der ersten und zweiten Tabelle wird man leicht einsehen, durch welche Zahl das Gewicht eines Atoms und das eines Aequivalentes ausgedrückt ist.

In den dann folgenden Tafeln sind nur alle diejenigen Substanzen enthalten, aus deren Menge die Quantität anderer berechnet werden soll, deren im Laufe dieses Werkes Erwähnung geschehen ist.

Es ist indessen leicht, aus Substanzen, die nicht in den Tabellen aufgeführt sind, deren atomistische Zusammensetzung man indessen kennt, die Quantität anderer zu berechnen, oder vielmehr zu bestimmen, wie viel von diesen jenen entspricht. Es sollen hier nur einige Beispiele angeführt werden, um dies zu versinnlichen.

Man will z. B. wissen, wie viel eine gegebene Menge von Kupferoxyd, wenn sie in Chlorwasserstoffsäure aufgelöst, und die Auflösung bis zur völligen Trockniss abgedampft worden ist, Kupferchlorid geben würde. Da bei quantitativen analytischen Untersuchungen diese Forderung nicht leicht vorkommen kann, so ist in der XXV. Tafel beim Kupferoxyd nicht angegeben worden, wie gross die Menge von Kupferchlorid ist, welche einer bestimmten Menge von Kupferoxyd entspricht. Die Berechnung ist folgende: Die Menge des Kupferoxyds sei 1,359 Grm. Diese enthalten, nach der XXV. Tafel, 3ten und 4ten Reihe, berechnet, 1,085 Grm. Kupfer und 0,274 Grm. Sauerstoff. Aus der XII. Tafel (Chlor), 7ten Reihe, wird man ersehen, wie viel dann 0,274 Grm. Sauerstoff Grm. Chlor entsprechen, nämlich 1,215 Grm. Addirt man diese zu den 1,085 Grm. Kupfer, so erhält man 2,299 Grm. Kupferchlorid.

In einzelnen mehr verwickelten Fällen sind unter einigen Tafeln Bemerkungen gemacht worden, welche sich auf Stellen im Werke beziehen. Andere Fälle, welche nicht unmittelbar durch die Tafeln beantwortet werden, ergeben sich nach einigem Nachdenken.

Die einfachen Körper, deren Atomengewichte angegeben sind, sind alphabetisch geordnet worden; in den folgenden Tabellen folgen die Tafeln der einfachen Körper, deren zusammengesetzte Verbindungen bei Analysen gefunden und gesucht werden, ebenfalls nach alphabetischer Reihefolge.

Atomengewichte der einfachen Körper und deren Logarithmen.

Sauerstoff O = 100,000.

Namen.	[Symbol.	Atomengew. O = 100.	Logarithmen.	Bestimmt von
I. Aluminium.	Al	170,900	2327421	Berzelius
	Al	341,800	5337721	
II. Antimon.	Sb	806,452	9065785	„
	Sb	1612,903	2076085	
III. Arsenik.	As	468,750	6709413	Pelouze
	As	937,500	9719713	
IV. Baryum.	Ba	856,770	9328643	Marignac
V. Beryllium.	Be	87,124	9401378	Berzelius
	Be	174,248	2411678	
VI. Blei.	Pb	1294,645	1121507	„
VII. Bor.	B	136,204	1341899	„
VIII. Brom.	Br	499,810	6988049	Marignac
	Br	999,620	9998349	
IX. Cadmium.	Cd	696,767	8430876	Stromeyer
X. Calcium.	Ca	251,651	4007986	Berzelius
XI. Cerium.	Ce	590,800	7714405	Marignac
	Ce	1181,600	0724705	
XII. Chlor.	Cl	221,640	3456481	Berzelius
	Cl	443,280	6466781	
XIII. Chrom.	Cr	335,091	5251628	Moberg
	Cr	670,182	8261928	
XIV. Didym.	D	620,000	7923917	Marignac
XV. Eisen.	Fe	350,527	5447215	Berzelius
	Fe	701,054	8457515	
XVI. Erbium.	E	—	—	—
XVII. Fluor.	F	117,717	0708393	Berzelius
	F	235,435	3718711	

Namen.	Symbol.	Atomgew. O = 100.	Logarithmen.	Bestimmt von
XVIII. Gold.	Au	1229,165	0896102	Berzelius
	Au	2458,330	3906402	
XIX. Jod.	J	792,996	8992710	Marignac
	J	1585,992	2003010	
XX. Iridium.	Ir	1232,080	0906389	Berzelius
	Ir	2464,160	3916689	
XXI. Kalium.	K	489,300	6895752	Pelouze
XXII. Kiesel.	Si	277,778	4436978	Berzelius
XXIII. Kobalt.	Co	368,650	5666142	Rothoff
	Co	737,300	8676442	
XXIV. Kohlenstoff.	C	75,000	8750613	Dumas
	C	150,000	1760913	
XXV. Kupfer.	Cu	395,600	5972563	Berzelius
	Cu	791,200	8982863	
XXVI. Lanthan.	La	588,000	7693773	Marignac
XXVII. Lithium.	L	81,660	9120094	Berzelius
XXVIII. Magnesium.	Mg	154,504	1889397	Svanberg
XXIX. Mangan.	Mn	344,684	5374211	Berzelius
	Mn	689,368	8384511	
XXX. Molybdän.	Mo	574,829	7595387	Svanberg u. Struve
XXXI. Natrium.	Na	289,729	4619920	Berzelius
XXXII. Nickel.	Ni	369,330	5674146	Rothoff
XXXIII. Niobium.	Nb	—	—	
XXXIV. Osmium.	Os	1242,624	0943397	Berzelius
	Os	2485,248	3953697	
XXXV. Palladium.	Pd	665,477	8231331	,,
XXXVI. Pelopium.	Pe	—	—	
XXXVII. Phosphor.	P	196,020	2923004	Berzelius
	P	392,041	5933315	

Namen.	Symbol.	Atomengew. O = 100.	Logarithmen.	Bestimmt von
XXXVIII. Platin.	Pt	1232,080	0906389	Berzelius
XXXIX. Quecksilber.	Hg	1251,290	0973579	,,
	Hg	2502,580	3983879	
XL. Rhodium.	R	651,962	8142223	,,
	R	1303,924	1152523	
XLI. Ruthenium.	Ru	651,962	8142223	Claus
XLII. Sauerstoff.	O	100,000	0000000	Berzelius
XLIII. Schwefel.	S	200,750	3026556	,,
	S	401,500	6036855	
XLIV. Selen.	Se	495,285	6948554	,,
XLV. Silber.	Ag	1349,660	1302244	,,
XLVI. Stickstoff.	N	87,530	9421569	Marignac
	N	175,060	2431869	
XLVII. Strontium.	Sr	545,929	7371362	Stromeyer
XLVIII. Tantal.	Ta	—	—	
	Ta	—	—	
XLIX. Tellur.	Te	801,760	9040444	Berzelius
L. Terbium.	Tb	—	—	
LI. Thorium.	Th	743,860	8714912	,,
LII. Titan.	Ti	301,550	4793593	H. Rose
	Ti	603,100	7803893	
LIII. Uran.	U	742,875	8709158	Ebelmen
	U	1485,750	1719458	
LIV. Vanadin.	V	856,892	9329261	
LV. Wasserstoff.	H	6,250	7958800	Dumas
	H	12,500	0969100	
LVI. Wismuth.	Bi	1299,975	1139350	Schneider
	Bi	2599,950	4149650	
LVII. Wolfram.	W	1150,780	0609923	,,
LVIII. Yttrium.	Y	—	—	—

Namen.	Symbol.	Atomengew. O = 100.	Logarithmen.	Bestimmt von
LIX. Zink.	Zn	406,591	6091578	A. Erdmann
LX. Zinn.	Sn	735,294	8664611	Berzelius
LXI. Zirkonium.	Zr	419,728	6229679	„
	Żr	839,456	9239979	

Aequivalente der einfachen Körper und deren Logarithmen.

Wasserstoff H = 1.

Namen.	Symbol.	Aequivalent. H = 1.	Logarithmen.
I. Aluminium.	Al	13,672	1358320
II. Antimon. .	Sb	129,032	1106974
III. Arsenik.	As	75,000	8750613
IV. Baryum.	Ba	68,542	8359568
V. Beryllium.	Be	6,970	8432328
VI. Blei.	Pb	103,572	0152424
VII. Bor.	B	10,896	0372671
VIII. Brom.	Br	79,970	9029271
IX. Cadmium.	Cd	55,741	7461748
X. Calcium.	Ca	20,132	3038869
XI. Cerium.	Ce	47,264	6745305
XII. Chlor.	Cl	35,462	5497632
XIII. Chrom	Cr	26,807	4282482
XIV. Didym.	D	49,600	6954817
XV. Eisen.	Fe	28,042	4478090
XVI. Erbium.	E	—	—
XVII. Fluor	F	18,834	2749426

Namen.	Symbol.	Aequivalent. H = 1.	Logarithmen.
XVIII. Gold	Au	196,666	2937293
XIX. Jod.	J	126,879	1033898
XX. Iridium.	Ir	98,567	9937315
XXI. Kalium.	K	39,144	5926653
XXII. Kiesel.	Si	22,222	3467831
XXIII. Kobalt.	Co	29,492	4697042
XXIV. Kohlenstoff.	C	6,000	7781513
XXV. Kupfer.	Cu	31,648	5003463
XXVI. Lanthan.	La	47,040	6724673
XXVII. Lithium.	L	6,533	8151127
XXVIII. Magnesium.	Mg	12,360	0920185
XXIX. Mangan.	Mn	27,575	4405155
XXX. Molybdän.	Mo	45,986	6626256
XXXI. Natrium.	Na	23,178	3650760
XXXII. Nickel.	Ni	29,546	4704987
XXXIII. Niobium.	Nb	—	—
XXXIV. Osmium.	Os	99,410	9974301
XXXV. Palladium.	Pd	53,238	7262217
XXXVI. Pelopium.	Pe	—	—
XXXVII. Phosphor.	P	31,363	4964176
XXXVIII. Platin.	Pt	98,566	9937271
XXXIX. Quecksilber.	Hg	100,103	0004471
XL. Rhodium.	R	52,157	7173126
XLI. Ruthenium.	Ru	52,157	7173126
XLII. Sauerstoff.	O	8,000	9030900
XLIII. Schwefel.	S	16,060	2057455
XLIV. Selen.	Se	39,623	5979474
XLV. Silber.	Ag	107,973	0333152
XLVI. Stickstoff.	N	14,005	1462831
XLVII. Strontium.	Sr	43,674	6402230

Namen.	Symbol.	Aequivalent. H = 1.	Logarithmen.
XLVIII. Tantal.	Ta	—	—
XLIX. Tellur.	Te	64,141	8071357
L. Terbium.	Tb	—	—
LI. Thorium.	Th	59,510	7745900
LII. Titan.	Ti	24,124	3824493
LIII. Uran.	U	59,430	7740057
LIV. Vanadin.	V	68,551	8360138
LV. Wasserstoff.	H	1,000	0000000
LVI. Wismuth.	Bi	207,996	3180550
LVII. Wolfram.	W	92,062	9640804
LVIII. Yttrium.	Y	—	—
LIX. Zink.	Zn	32,527	5122440
LX. Zinn.	Sn	58,823	7695472
LXI. Zirkonium.	Zr	33,578	5260548

Gefunden.	Gesucht.	1.	2.
I. Aluminium. Al.			
1) Thonerde AlO^3	Aluminium Al	0,53256	1,06513
2) Thonerde AlO^3	Sauerstoff O^3	0,46744	0,93487
II. Antimon. Sb.			
1) Antimonichte Säure SbO^3	Antimon Sb	0,84317	1,68634
2) Antimonichte Säure SbO^3	Sauerstoff O^3	0,15683	0,31366
3) Antimonsäure SbO^5	Antimon Sb	0,76336	1,52672
4) Antimonsäure SbO^5	Sauerstoff O^5	0,23664	0,47328
5) Schwefelantimon SbS^3	Antimon Sb	0,72812	1,45624
6) Schwefelantimon SbS^3	Antimon. Säure SbO^3	0,86355	1,72710
7) Antimon Sb	Antimon. Säure SbO^3	1,18600	2,37200
8) Antimon Sb	Antimonsäure SbO^5	1,31000	2,62000
9) Antimon Sb	Schwefelantimon SbS^3	1,37339	2,74679
10) Gold $^2/_3\ Au$	Antimon. Säure SbO^3	1,16719	2,33438

B e m e r -

Wird die Menge der antimonichten Säure durch eine Goldchloridauflösung bestimmt (S. 301), so findet man aus der 10ten Reihe der

3.	4.	5.	6.	7.	8.	9.
1,59870	2,13026	2,66282	3,19539	3,72795	4,26052	4,79308
1,40230	1,86974	2,33718	2,80461	3,27205	3,73948	4,20692
2,52951	3,37268	4,21585	5,05902	5,90219	6,74536	7,58853
0,47049	0,62732	0,78415	0,94098	1,09781	1,25464	1,41147
2,29008	3,05344	3,81680	4,58016	5,34352	6,10688	6,87024
0,70992	0,94656	1,18320	1,41984	1,65648	1,89312	2,12976
2,18436	2,91248	3,64060	4,36872	5,09684	5,82496	6,55308
2,59065	3,45420	4,31775	5,18130	6,04485	6,90840	7,77195
3,55800	4,74400	5,93000	7,11600	8,30200	9,48800	10,67400
3,93000	5,24000	6,55000	7,86000	9,17000	10,48000	11,79000
4,12019	5,49358	6,86698	8,24037	9,61377	10,98716	12,36056
3,50157	4,66876	5,83595	7,00314	8,17033	9,33752	10,50471

k u n g.

Tafel II., wie viel der gefundenen Menge des reducirten Goldes anti-monichte Säure entspricht.

Gefunden.	Gesucht.	1.	2.
III. Arsenik. As.			
1) Arsenichte Säure AsO^3	Arsenik As	0,75758	1,51516
2) Arsenichte Säure AsO^3	Sauerstoff O^3	0,24242	0,48484
3) Arseniksäure AsO^5	Arsenik As	0,65217	1,30435
4) Arseniksäure AsO^5	Sauerstoff O^5	0,34783	0,69565
5) Schwefelarsenik AsS^3	Arsenik As	0,60887	1,21774
6) Schwefelarsenik AsS^3	Arsenichte Säure AsO^3	0,80372	1,60744
7) Arseniks. Ammon.-Magnesia $2MgO+NH^4O+AsO^5+HO$	Arsenik As	0,39323	0,78647
8) Arseniks. Ammon.-Magnesia $2MgO+NH^4O+AsO^5+HO$	Arsenichte Säure AsO^3	0,51907	1,03814
9) Arseniks. Ammon.-Magnesia $2MgO+NH^4O+AsO^5+HO$	Arseniksäure AsO^5	0,60296	1,20592
10) Arseniks. Ammon.-Magnesia $2MgO+NH^4O+AsO^5+HO$	Schwefelarsenik AsS^3	0,64585	1,29170
11) Gold $^2/_3 Au$	Arsenichte Säure AsO^3	0,75509	1,51018
12) Arseniksaures Uranoxyd $2UO^3+AsO^5$	Arseniksäure AsO^5	0,28698	0,57396
13) Arseniksaures Bleioxyd $2PbO+AsO^5$	Arseniksäure AsO^5	0,34009	0,68018

B e m e r -

Die Menge der in einer Auflösung enthaltenen arsenichten Säure kann wie die antimonichte Säure durch eine Goldchloridauflösung bestimmt werden, indem die arsenichte Säure dadurch in Arseniksäure

3.	4.	5.	6.	7.	8.	9.
2,27274	3,03032	3,78790	4,54548	5,30306	6,06064	6,81822
0,72726	0,96968	1,21210	1,45452	1,69694	1,93936	2,18178
1,95652	2,60870	3,26087	3,91304	4,56522	5,21739	5,86957
1,04348	1,39130	1,73913	2,08696	2,43478	2,78261	3,13043
1,82661	2,43548	3,04435	3,65322	4,26209	4,87096	5,47983
2,41116	3,21488	4,01860	4,82232	5,62604	6,42976	7,23348
1,17970	1,57294	1,96617	2,35941	2,75264	3,14588	3,53911
1,55721	2,07628	2,59535	3,11442	3,63349	4,15256	4,67163
1,80888	2,41184	3,01480	3,61776	4,22072	4,82368	5,42664
1,93755	2,58340	3,22925	3,87510	4,52095	5,16680	5,81265
2,26527	3,02036	3,77545	4,53054	5,28563	6,04072	6,79581
0,86094	1,14792	1,43490	1,72188	2,00886	2,29584	2,58282
1,02027	1,36036	1,70045	2,04054	2,38063	2,72072	3,06081

k u n g.

verwandelt und ein Theil der Goldchloridlösung zu metallischem Gold reducirt wird (S. 431). In der 11ten Reihe der Tafel III. berechnet man aus der gefundenen Menge des reducirten Goldes die der arsenichten Säure.

Gefunden.	Gesucht.	1.	2.
IV. Baryum. Ba.			
1) Baryterde	Baryum	0,89548	1,79096
BaO	Ba		
2) Baryterde	Sauerstoff	0,10452	0,20904
BaO	O		
3) Schwefelsaure Baryterde	Baryterde	0,65644	1,31288
$BaO + SO^3$	BaO		
4) Kohlensaure Baryterde	Baryterde	0,77667	1,55334
$BaO + CO^2$	BaO		
5) Chlorbaryum	Baryterde	0,73595	1,47190
BaCl	BaO		
6) Chlorbaryum	Baryum	0,65903	1,31806
BaCl	Ba		
7) Salpetersaure Baryterde	Baryterde	0,58632	1,17264
$BaO + NO^5$	BaO		
8) Kieselfluorbaryum	Baryterde	0,54727	1,09454
$3BaF + 2SiF^3$	3BaO		
V. Beryllium. Be.			
1) Beryllerde	Beryllium	0,36742	0,73484
BeO^3	Be		
2) Beryllerde	Sauerstoff	0,63258	1,26516
BeO^3	O^3		
VI. Blei. Pb.			
1) Bleioxyd	Blei	0,92830	1,85660
PbO	Pb		
2) Bleioxyd	Sauerstoff	0,07170	0,14340
PbO	O		

3.	4.	5.	6.	7.	8.	9.
2,68644	3,58192	4,47740	5,37288	6,26836	7,16384	8,05932
0,31356	0,41808	0,52260	0,62712	0,73164	0,83616	0,94068
1,96932	2,62576	3,28220	3,93864	4,59508	5,25152	5,90796
2,33001	3,10668	3,88335	4,66002	5,43669	6,21336	6,99003
2,20785	2,94380	3,67975	4,41570	5,15165	5,88760	6,62355
1,97709	2,63612	3,29515	3,95418	4,61321	5,27224	5,93127
1,75896	2,34528	2,93160	3,51792	4,10424	4,69056	5,27688
1,64181	2,18908	2,73635	3,28362	3,83089	4,37816	4,92543
1,10226	1,46968	1,83710	2,20452	2,57194	2,93936	3,30678
1,89774	2,53032	3,16290	3,79548	4,42806	5,06064	5,69322
2,78490	3,71320	4,64150	5,56980	6,49810	7,42640	8,35470
0,21510	0,28680	0,35850	0,43020	0,50190	0,57860	0,64530

Gefunden.	Gesucht.	1.	2.
VI. Blei. Pb.			
3) Blei Pb	Bleioxyd PbO	1,07724	2,15448
4) Chlorblei PbCl	Blei Pb	0,74494	1,48988
5) Chlorblei PbCl	Bleioxyd PbO	0,80248	1,60496
6) Schwefelsaures Bleioxyd $PbO + SO^3$	Blei Pb	0,68305	1,36610
7) Schwefelsaures Bleioxyd $PbO + SO^3$	Bleioxyd PbO	0,73581	1,47162
8) Schwefelblei PbS	Blei Pb	0,86575	1,73151
9) Schwefelblei PbS	Bleioxyd PbO	0,93263	1,86526
VII. Bor. B.			
1) Borsäure $B + 3O$	Bor B	0,31225	0,62450
2) Borsäure $B + 3O$	Sauerstoff O^3	0,68775	1,37550
VIII. Brom. Br.			
1) Bromsäure $Br + 5O$	Brom Br	0,66658	1,33316
2) Bromsäure $Br + 5O$	Sauerstoff O^5	0,33342	0,66684
3) Brom Br	Sauerstoff O	0,10004	0,20008

3.	4.	5.	6.	7.	8.	9.
3,23172	4,30896	5,38620	6,46344	7,54068	8,61792	9,69516
2,23482	2,97976	3,72470	4,46964	5,21458	5,95952	6,70446
2,40744	3,20992	4,01240	4,81488	5,61736	6,41984	7,22232
2,04915	2,73220	3,41525	4,09830	4,78135	5,46440	6,14745
2,20743	2,94324	3,67905	4,41486	5,15067	5,88648	6,62229
2,59726	3,46302	4,32877	5,19453	6,06028	6,92604	7,79179
2,79789	3,73052	4,66315	5,59578	6,52841	7,46104	8,39367
0,93675	1,24900	1,56125	1,87350	2,18575	2,49800	2,81025
2,06325	2,75100	3,43875	4,12650	4,81425	5,50200	6,18975
1,99974	2,66632	3,33290	3,99948	4,66606	5,33264	5,99922
1,00026	1,33368	1,66710	2,00052	2,33394	2,66736	3,00078
0,30012	0,40016	0,50020	0,60024	0,70028	0,80032	0,90036

Gefunden.	Gesucht.	1.	2.
VIII. Brom. Br.			
4) Sauerstoff O	Brom Br	9,99620	19,99240
5) Bromsilber AgBr	Brom Br	0,42550	0,85100
6) Bromsilber AgBr	Bromwasserstoff HBr	0,43082	0,86164
7) Bromwasserstoff HBr	Brom Br	0,98765	1,97530

B e m e r -

Die 3te und 4te Reihe dieser Tafel zeigen, wie man aus der gefundenen Menge des Broms einer Verbindung die analoge Menge des

IX. Cadmium. Cd.

1) Cadmiumoxyd CdO	Cadmium Cd	0,87449	1,74898
2) Cadmiumoxyd CdO	Sauerstoff O	0,12551	0,25102
3) Schwefelcadmium CdS	Cadmium Cd	0,77638	1,55266
4) Schwefelcadmium CdS	Cadmiumoxyd CdO	0,88774	1,77549

X. Calcium. Ca.

1) Kalkerde CaO	Calcium Ca	0,71563	1,43126
2) Kalkerde CaO	Sauerstoff O	0,28437	0,56874

3.	4.	5.	6.	7.	8.	9.
29,98860	39,98480	49,98100	59,97720	69,97340	79,96960	89,96580
1,27650	1,70200	2,12750	2,55300	2,97850	3,40400	3,82950
1,29246	1,72328	2,15410	2,58492	3,01574	3,44656	3,87738
2,96295	3,95060	4,93825	5,92590	6,91355	7,90120	8,88885

k u n g.

Sauerstoffs oder umgekehrt aus dem berechneten Sauerstoff einer Verbindung die analoge Menge des Broms derselben Verbindung findet.

2,62347	3,49796	4,37245	5,24694	6,12143	6,99592	7,87041
0,37653	0,50204	0,62755	0,75306	0,87857	1,00408	1,12959
2,32899	3,10532	3,88165	4,65798	5,43431	6,21064	6,98697
2,66323	3,55098	4,43872	5,32647	6,21421	7,10196	7,98970

2,14689	2,86252	3,57815	4,29378	5,00941	5,72504	6,44067
0,85311	1,13748	1,42185	1,70622	1,99059	2,27496	2,55933

Gefunden.	Gesucht.	**1.**	**2.**
X. Calcium. Ca.			
3) Schwefelsaure Kalkerde $CaO + SO^3$	Kalkerde CaO	0,41254	0,82508
4) Kohlensaure Kalkerde $CaO + CO^2$	Kalkerde CaO	0,56116	1,12232
XI. Cerium. Ce.			
1) Ceroxydul CeO	Cerium Ce	0,85524	1,71048
2) Ceroxydul CeO	Sauerstoff O	0,14476	0,28952
3) Ceroxyd CeO^3	Cerium Ce	0,79752	1,59504
4) Ceroxyd CeO^3	Sauerstoff O^3	0,20248	0,40496
5) Ceroxyd CeO^3	Ceroxydul $2CeO$	0,93251	1,86502
XII. Chlor. Cl.			
1) Unterchlorichte Säure ClO	Chlor Cl	0,81593	1,63186
2) Unterchlorichte Säure ClO	Sauerstoff O	0,18407	0,36814
3) Chlorsäure ClO^5	Chlor Cl	0,46993	0,93986
4) Chlorsäure ClO^5	Sauerstoff O^5	0,53007	1,06014

3.	4.	5.	6.	7.	8.	9.
1,23762	1,65016	2,06270	2,47524	2,88778	3,30032	3,71286
1,68348	2,24464	2,80580	3,36696	3,92812	4,48928	5,05044
2,56572	3,42096	4,27620	5,13144	5,98668	6,84192	7,69716
0,43428	0,57904	0,72380	0,86856	1,01332	1,15808	1,30284
2,39256	3,19008	3,98760	4,78512	5,58264	6,38016	7,17768
0,60744	0,80992	1,01240	1,21488	1,41736	1,61984	1,82232
2,79753	3,73004	4,66255	5,59506	6,52757	7,46008	8,39259
2,44779	3,26372	4,07965	4,89558	5,71151	6,52744	7,34337
0,55221	0,73628	0,92035	1,10442	1,28849	1,47256	1,65663
1,40979	1,87972	2,34965	2,81958	3,28951	3,75944	4,22937
1,59021	2,12028	2,65085	3,18042	3,71049	4,24056	4,77063

Gefunden.	Gesucht.	1.	2.
XII. Chlor. Cl.			
5) Ueberchlorsäure $Cl\,O^7$	Chlor Cl	0,38773	0,77546
6) Ueberchlorsäure $Cl\,O^7$	Sauerstoff O^7	0,61227	1,22454
7) Sauerstoff O	Chlor Cl	4,43280	8,86560
8) Chlor Cl	Sauerstoff O	0,22559	0,45118
9) Chlorsilber $Ag\,Cl$	Chlor Cl	0,24724	0,49448
10) Chlorsilber $Ag\,Cl$	Chlorwasserstoff $H\,Cl$	0,25421	0,50842
11) Silber Ag	Chlor Cl	0,32844	0,65688
12) Kupfer $2\,Cu$	Chlor Cl	0,56026	1,12052
13) Quecksilberchlorür $Hg\,Cl$	Chlor Cl	0,15047	0,30095
14) Chlorwasserstoff $H\,Cl$	Chlor Cl	0,97257	1,94514

B e m e r -

Die 7te Reihe der Tafel XII. zeigt, wie man aus dem berechneten Sauerstoff einer bekannt zusammengesetzten Sauerstoffverbindung die Menge des Chlors findet, welches in einer Chlorverbindung enthalten gewesen ist, und umgekehrt kann man in der 8ten Reihe derselben Tafel aus der gefundenen Menge des

3.	4.	5.	6.	7.	8.	9.
1,16319	1,55092	1,93865	2,32638	2,71411	3,10184	3,48957
1,83681	2,44908	3,06135	3,67362	4,28589	4,89816	5,51043
13,29840	17,73120	22,16400	26,59680	31,02960	35,46240	39,89520
0,67677	0,90236	1,12795	1,35354	1,57913	1,80472	2,03031
0,74172	0,98896	1,23620	1,48344	1,73068	1,97792	2,22516
0,76263	1,01684	1,27105	1,52526	1,77947	2,03368	2,28789
0,98532	1,31376	1,64220	1,97064	2,29908	2,62752	2,95596
1,68078	2,24104	2,80130	3,36156	3,92182	4,48208	5,04234
0,45142	0,60190	0,75237	0,90285	1,05332	1,20380	1,35427
2,91771	3,89028	4,86285	5,83542	6,80799	7,78056	8,75313

k u n g e n.

Chlors einer Chlorverbindung die des gesuchten Sauerstoffs berechnen (S. 575).

Die 12te Reihe der Tafel zeigt, wie man aus einer gefundenen Menge Kupfer den Chlorgehalt eines unterchlorichtsauren Salzes z. B. des Chlorkalks findet (S. 598).

Gefunden.	Gesucht.	1.	2.
XIII. Chrom. Cr.			
1) Chromoxyd CrO^3	Chrom Cr	0,69078	1,38156
2) Chromoxyd CrO^3	Sauerstoff O^3	0,30922	0,61844
3) Chromsäure CrO^3	Chrom Cr	0,52763	1,05526
4) Chromsäure CrO^3	Sauerstoff O^3	0,47237	0,94474
5) Chromoxyd CrO^3	Chromsäure $2CrO^3$	1,30922	2,61844
6) Chromsaure Baryterde $BaO + CrO^3$	Chromsäure CrO^3	0,39896	0,79792
7) Chromsaures Bleioxyd $PbO + CrO^3$	Chromsäure CrO^3	0,31289	0,62578
XIV. Didym. D.			
1) Didymoxyd DO	Didym D	0,86111	1,72222
2) Didymoxyd DO	Sauerstoff O	0,13889	0,27778
XV. Eisen. Fe.			
1) Eisenoxydul FeO	Eisen Fe	0,77804	1,55608
2) Eisenoxydul FeO	Sauerstoff O	0,22196	0,44392

3.	4.	5.	6.	7.	8.	9.
2,07234	2,76312	3,45390	4,14468	4,83546	5,52624	6,21702
0,92766	1,23688	1,54610	1,85532	2,16454	2,47376	2,78298
1,58289	2,11052	2,63815	3,16578	3,69341	4,22104	4,74867
1,41711	1,88948	2,36185	2,83422	3,30659	3,77896	4,25133
3,92766	5,23688	6,54610	7,85532	9,16454	10,47376	11,78298
1,19688	1,59584	1,99480	2,39376	2,79272	3,19168	3,59064
0,93867	1,25156	1,56445	1,87734	2,19023	2,50312	2,81601
2,58333	3,44444	4,30555	5,16666	6,02777	6,88888	7,74999
0,41667	0,55556	0,69445	0,83334	0,97223	1,11112	1,25001
2,33412	3,11216	3,89020	4,66824	5,44628	6,22432	7,00236
0,66588	0,88784	1,10980	1,33176	1,55372	1,77568	1,99764

Gefunden.	Gesucht.	1.	2.
XV. Eisen. Fe.			
3) Eisenoxyd FeO^3	Eisen Fe	0,70032	1,40064
4) Eisenoxyd FeO^3	Sauerstoff O^3	0,29968	0,59936
5) Eisensäure FeO^3	Eisen Fe	0,53884	1,07768
6) Eisensäure FeO^3	Sauerstoff O^3	0,46116	0,92232
7) Eisenoxyd FeO^3	Eisensäure $2FeO^3$	1,29968	2,59936
8) Eisenoxyd FeO^3	Eisenoxydul $2FeO$	0,90010	1,80021
9) Eisen Fe	Eisenoxyd FeO^3	1,42793	2,85586
10) Eisen Fe	Eisenoxydul FeO	1,28528	2,57056
11) Eisen Fe	Sauerstoff O	0,28528	0,57056
12) Eisen Fe	Sauerstoff O^3	0,42793	0,85586
13) Sauerstoff O	Eisenoxydul $2FeO$	9,01054	18,02108
14) Sauerstoff O	Eisenoxydul FeO	4,50527	9,01054
15) Sauerstoff O^3	Eisenoxyd FeO^3	3,33684	6,67368
16) Schwefel S	Eisenoxyd FeO^3	4,98657	9,97314

3.	4.	5.	6.	7.	8.	9.
2,10096	2,80128	3,50160	4,20192	4,90224	5,60256	6,80288
0,89904	1,19872	1,49840	1,79808	2,09776	2,39744	2,69712
1,61652	2,15536	2,69420	3,23304	3,77188	4,31072	4,84956
1,38348	1,84464	2,30580	2,76696	3,22812	3,68928	4,15044
3,89904	5,19872	6,49840	7,79808	9,09776	10,39744	11,69712
2,70031	3,60042	4,50052	5,40063	6,30073	7,20084	8,10094
4,28379	5,71172	7,13965	8,56758	9,99551	11,42344	12,85137
3,85584	5,14112	6,42640	7,71168	8,99696	10,28224	11,56752
0,85584	1,14112	1,42640	1,71168	1,99696	2,28224	2,56752
1,28379	1,71172	2,13965	2,56758	2,99551	3,42344	3,85137
27,03162	36,04216	45,05270	54,06324	63,07378	72,08432	81,09486
13,51581	18,02108	22,52635	27,03162	31,53689	36,04216	40,54743
10,01052	13,34736	16,68420	20,02104	23,35788	26,69472	30,03156
14,95971	19,94628	24,93285	29,91942	34,90599	39,89256	44,87913

Gefunden.	Gesucht.	1.	2.
XV. Eisen. Fe.			
17) Chlor Cl	Eisenoxyd Fe O³	2,25829	4,51658
18) Kupfer 2 Cu	Eisenoxyd Fe O³	1,26523	2,53047
19) Kupfer Cu	Eisen Fe	0,88606	1,77212
20) Gold Au	Eisenoxydul 6 Fe O	1,09959	2,19918

B e m e r -

Die 9te und 10te Reihe dieser Tafel zeigen an, wie viel Eisen-oxyd und wie viel Eisenoxydul einer gefundenen Menge von metalli-schem Eisen entspricht. Diese Berechnungen kommen vor, wenn man in einer Verbindung von Eisenoxyd und Eisenoxydul die Menge beider auf die Weise bestimmen will, dass man die Verbindung vermittelst Wasserstoffgas reducirt, und die Mengen des erzeugten Wassers und des reducirten Eisens wägt (S. 122). Es kann dies auf mehrere Arten geschehen.

Man hätte z. B. bei einem Versuche aus einer Verbindung von Eisenoxyd mit Eisenoxydul, welche 3,532 Grammen wiegt, 2,589 Grm. reducirten Eisens und 1,061 Grm. Wasser erhalten. Aus der XLV. Tafel erster Reihe wird man ersehen, dass in letzterem 0,943 Grm. Sauerstoff enthalten sind, welche Menge in beiden Oxyden des Eisens vor dem Versuche enthalten war. Aus der 12ten Reihe dieser XV. Tafel indessen ersieht man, dass 2,589 Grm. metallisches Eisen 1,108 Grm. Sauerstoff bedürfen, um sich in Eisenoxyd zu verwandeln. Zieht man von dieser Menge die im erhaltenen Wasser befindliche Menge Sauer-stoff (0,943 Grm.) ab, so erhält man 0,165 Grm. Diese Menge Sauer-stoff würde das in der Verbindung enthaltene Eisenoxydul aufgenom-men haben, wenn es in Eisenoxyd verwandelt worden wäre. Nun aber ersieht man aus der 13ten Reihe in dieser XV. Tafel, dass einer Menge von 0,165 Grm. Sauerstoff eine Menge von 1,487 Grm. Eisenoxydul entspricht, wenn diese nämlich durch Hinzutreten von jener Menge

3.	4.	5.	6.	7.	8.	9.
6,77487	9,03316	11,29145	13,54974	15,80803	18,06632	20,32461
3,79570	5,06094	6,32617	7,59141	8,85664	10,12188	11,38711
2,65818	3,54424	4,43030	5,31636	6,20242	7,08848	7,97454
3,29877	4,39836	5,49795	6,59754	7,69713	8,79672	9,89631

k u n g e n.

Sauerstoff in Eisenoxyd verwandelt worden ist, während die 14te Reihe den Sauerstoff anzeigt, der im Eisenoxydul enthalten ist. Zieht man jene Menge von 1,487 Grm. Eisenoxydul von 3,532 Grm. ab, so erhält man 2,045 Grm. Eisenoxyd.

Man kann auch dasselbe Resultat erhalten, wenn man die Menge der Verbindung von Eisenoxyd und von Eisenoxydul nicht gewogen hat, sondern nur weiss, dass dieselbe durch die Reduction vermittelst Wasserstoffgas 2,589 Grm. reducirtes Eisen und 1,061 Grm. Wasser gegeben habe. Die Menge des Eisenoxyduls berechnet man dann wie vorher zu 1,487 Grm.; die Menge des Eisenoxyds hingegen findet man auf die Weise, dass man zuerst den Sauerstoff, welchen das Oxydul enthält, entweder aus der 2ten Reihe dieser XV. Tafel zu 0,330 Grm. berechnet, oder jene 0,165 Grm. Sauerstoff, von welchen man aus dem vorhergehenden Beispiele weiss, dass sie 1,487 Grm. Eisenoxydul in Oxyd verwandeln würden, verdoppelt. Diese Sauerstoffmenge zieht man von 0,943 Grm. ab, d. h. von der Sauerstoffmenge, welche das gebildete Wasser enthält. Die erhaltenen 0,613 Grm. Sauerstoff, welche das Eisenoxyd enthält, entsprechen nach der 15ten Reihe der XV. Tafel 2,045 Grm. Eisenoxyd.

Hat man eine gewogene Menge einer Verbindung von Eisenoxydul und von Eisenoxyd durch Salpetersäure oxydirt, und das Eisenoxyd durch Ammoniak gefällt (S. 120), so kann man aus der Gewichtszunahme, welche in Sauerstoff besteht, nach der 13ten Reihe der Tafel die Menge des Eisenoxyduls berechnen. Betrug die Menge der Verbindung 3,499 Grm., und wog das erhaltene Eisenoxyd 3,614 Grm., so zeigt der erhaltene Ueberschuss von 0,115 Grm. Sauerstoff nach der 13ten Reihe 1,036 Grm. Eisenoxydul an, und diese waren folglich in der Verbindung mit 2,463 Grm. Eisenoxyd verbunden.

Die 16te Reihe der XV. Tafel zeigt, wenn man in einer Verbindung von Eisenoxyd mit Eisenoxydul ersteres vermittelst Schwefelwasserstoffgas bestimmen will (S. 127), einer wie grossen Menge von Eisenoxyd der erhaltene Schwefel entspricht.

Die 17te Reihe der Tafel giebt an, wenn in einer Verbindung von Eisenoxyd mit Eisenoxydul ersteres vermittelst Silberpulver bestimmt werden soll (S. 129), welche Menge von Eisenoxyd der Menge Chlor entspricht, welche das Silber aufgenommen hat.

Die 18te und 19te Reihe der Tafel zeigen die Mengen des aufgelösten Kupfers, wenn in einer Verbindung von Eisenoxyd mit Eisen-

Gefunden.	Gesucht.	1.	2.
XVI. Erbium. E.			
1) Erbinoxyd EO	Erbium E		
2) Erbinoxyd EO	Sauerstoff O		
XVII. Fluor. F.			
1) Fluorbor BF^3	Fluor F^3	0,83833	1,67667
2) Fluorkiesel SiF^3	Fluor F^3	0,71773	1,43546
3) Sauerstoff O	Fluor F	2,35435	4,70870
4) Fluorwasserstoff HF	Fluor F	0,94958	1,89916

oxydul ersteres durch metallisches Kupfer nach der Methode von Fuchs (S. 126) bestimmt werden soll.

Durch die 20ste Reihe der Tafel ersieht man die Menge des Eisenoxyduls aus einer gefundenen Menge von Gold, wenn man ersteres in einer Verbindung von Eisenoxyd und Eisenoxydul durch eine Auflösung von Natriumgoldchlorid bestimmen will (S. 129).

Bei einer Vergleichung der Zahlen der 13ten, 16ten, 17ten und 20sten Reihe der XV. Tafel ergiebt sich, dass bei der Bestimmung des Eisenoxyds und des Eisenoxyduls, in Verbindung beider, bei der Methode das Oxydul zu bestimmen, indem man es in Oxyd verwandelt (13te Reihe), ein sehr kleiner Fehler im Versuch einen grossen Fehler im Resultate hervorbringen muss. Es findet dies in einem geringeren Grade statt bei der Bestimmung des Eisenoxyds durch Schwefelwasserstoffgas, und in einem noch geringeren bei der Bestimmung desselben durch Silberpulver, und bei der Bestimmung des Eisenoxyduls durch Natriumgoldchlorid.

3.	4.	5.	6.	7.	8.	9.
2,51500	3,35334	4,19167	5,03001	5,86834	6,70668	7,54501
2,15319	2,87092	3,58865	4,30638	5,02411	5,74184	6,45957
7,06305	9,41740	11,77175	14,12610	16,48045	18,83480	21,18915
2,84874	3,79832	4,74790	5,69748	6,64706	7,59664	8,54622

Gefunden.	Gesucht.	1.	2.
XVII. Fluor. F.			
5) Wasser HO	Fluorwasserstoff HF	2,20387	4,40774
6) Fluorcalcium CaF	Fluor F	0,48335	0,96670
7) Fluorcalcium CaF	Fluorwasserstoff HF	0,50902	1,01804
8) Fluorbaryum BaF	Fluor F	0,21556	0,43112
9) Fluorblei PbF	Fluor F	0,15387	0,30774
10) Kieselfluorbaryum $3\,BaF + 2\,SiF^3$	Fluor F^9	0,40400	0,80800
XVIII. Gold. Au.			
1) Goldoxydul AuO	Gold Au	0,96091	1,92182
2) Goldoxydul AuO	Sauerstoff O	0,03909	0,07818
3) Goldoxyd AuO^3	Gold Au	0,89124	1,78248
4) Goldoxyd AuO^3	Sauerstoff O^3	0,10876	0,21752
5) Gold Au	Goldoxyd AuO^3	1,12204	2,24408
6) Gold Au	Goldchlorid $AuCl^3$	1,54095	3,08190

3.	4.	5.	6.	7.	8.	9.
6,61161	8,81548	11,01935	13,22322	15,42709	17,63096	19,83483
1,45005	1,93340	2,41675	2,90010	3,38345	3,86680	4,35015
1,52706	2,03608	2,54510	3,05412	3,56314	4,07216	4,58118
0,64668	0,86224	1,07780	1,29836	1,50892	1,72448	1,94004
0,46161	0,61548	0,76935	0,92322	1,07709	1,23096	1,38483
1,21200	1,61600	2,02000	2,42400	2,82800	3,23200	3,63600
2,88273	3,84364	4,80455	5,76546	6,72637	7,68728	8,64819
0,11727	0,15636	0,19545	0,23454	0,27363	0,31272	0,35181
2,67372	3,56496	4,45620	5,34744	6,23868	7,12992	8,02116
0,32628	0,43504	0,54380	0,65256	0,76132	0,87008	0,97884
3,36612	4,48816	5,61020	6,73224	7,85428	8,97632	10,09836
4,62285	6,16380	7,70475	9,24570	10,78665	12,32760	13,86855

Gefunden.	Gesucht.	1.	2.
XIX. Jod. J.			
1) Jodsäure IO^5	Jod I	0,76031	1,52062
2) Jodsäure IO^5	Sauerstoff O^5	0,23969	0,47938
3) Ueberjodsäure IO^7	Jod I	0,69379	1,38758
4) Ueberjodsäure IO^7	Sauerstoff O^7	0,30621	0,61242
5) Sauerstoff O	Jod I	15,85992	31,71984
6) Jodsilber AgI	Jod I	0,54025	1,08050
7) Jodsilber AgI	Jodwasserstoff HI	0,54451	1,08902
8) Jodpalladium PdI	Jod I	0,70443	1,40886
9) Palladium Pd	Jod I	2,38324	4,76648
10) Jodpalladium PdI	Jodwasserstoff HI	0,70998	1,41996
11) Palladium Pd	Jodwasserstoff HI	2,40202	4,80405
12) Jodwasserstoff HI	Jod I	0,99218	1,98436
13) Jod I	Sauerstoff O	0,06305	0,12610

3.	4.	5.	6.	7.	8.	9.
2,28093	3,04124	3,80155	4,56186	5,32217	6,08248	6,84279
0,71907	0,95876	1,19845	1,43814	1,67783	1,91752	2,15721
2,08137	2,77516	3,46895	4,16274	4,85653	5,55032	6,24411
0,91863	1,22484	1,53105	1,83726	2,14347	2,44968	2,75589
47,57976	63,43968	79,29960	95,15952	111,01944	126,87936	142,73928
1,62075	2,16100	2,70125	3,24150	3,78175	4,32200	4,86225
1,63353	2,17804	2,72255	3,26706	3,81157	4,35608	4,90059
2,11329	2,81772	3,52215	4,22658	4,93101	5,63544	6,33987
7,14972	9,53296	11,91620	14,29944	16,68268	19,06592	21,44916
2,12994	2,83992	3,54990	4,25988	4,96986	5,67984	6,38982
7,20607	9,60810	12,01012	14,41215	16,81417	19,21620	21,61822
2,97654	3,96872	4,96090	5,95308	6,94526	7,93744	8,92962
0,18915	0,25220	0,31525	0,37830	0,44135	0,50440	0,56745

Gefunden.	Gesucht.	1.	2.
XX. Iridium. Ir.			
1) Iridiumoxydul IrO	Iridium Ir	0,92493	1,84986
2) Iridiumoxydul IrO	Sauerstoff O	0,07507	0,15014
3) Iridiumsesquioxydul IrO³	Iridium Ir	0,89147	1,78294
4) Iridiumsesquioxydul IrO³	Sauerstoff O³	0,10853	0,21706
5) Iridiumoxyd IrO²	Iridium Ir	0,86034	1,72068
6) Iridiumoxyd IrO²	Sauerstoff O²	0,13966	0,27932
7) Iridiumsesquioxyd IrO³	Iridium Ir	0,80419	1,60838
8) Iridiumsesquioxyd IrO³	Sauerstoff O³	0,19581	0,39162
9) Kalium-Iridiumchlorid IrCl² + KCl	Iridium Ir	0,40380	0,80760
10) Ammonium-Iridiumchlorid IrCl² + NH⁴Cl	Iridium Ir	0,44208	0,88416
11) Iridium Ir	Iridiumchlorid IrCl²	1,71956	3,43912
XXI. Kalium. K.			
1) Kali KO	Kalium K	0,83031	1,66062
2) Kali KO	Sauerstoff O	0,16969	0,33938

3.	4.	5.	6.	7.	8.	9.
2,77479	3,69972	4,62465	5,54958	6,47451	7,39944	8,32437
0,22521	0,30028	0,37535	0,45042	0,52549	0,60056	0,67563
2,67441	3,56588	4,45735	5,34882	6,24029	7,13176	8,02323
0,32559	0,43412	0,54265	0,65118	0,75971	0,86824	0,97677
2,58102	3,44136	4,30170	5,16204	6,02238	6,88272	7,74306
0,41898	0,55864	0,69830	0,83796	0,97762	1,11728	1,25694
2,41257	3,21676	4,02095	4,82514	5,62933	6,43352	7,23771
0,58743	0,78324	0,97905	1,17486	1,37067	1,56648	1,76229
1,21140	1,61520	2,01900	2,42280	2,82660	3,23040	3,63420
1,32624	1,76832	2,21040	2,65248	3,09456	3,53664	3,97872
5,15868	6,87824	8,59780	10,31736	12,03692	13,75648	15,47604
2,49093	3,32124	4,15155	4,98186	5,81217	6,64248	7,47279
0,50907	0,67876	0,84845	1,01814	1,18783	1,35752	1,52721

Gefunden.	Gesucht.	1.	2.
XXI. Kalium. K.			
3) Schwefelsaures Kali $KO + SO^3$	Kali $Ka\,O$	0,54062	1,08124
4) Chlorkalium $K\,Cl$	Kali $Ka\,O$	0,63190	1,26380
5) Chlorkalium $K\,Cl$	Kalium K	0,52467	1,04934
6) Kohlensaures Kali $KO + CO^2$	Kali KO	0,68182	1,36364
7) Kohlensäure CO^2	Kali KO	2,14291	4,28582
8) Kohlensäure CO^2	Kohlensaur. Kali $KO + CO^2$	3,14291	6,28582
9) Salpetersaures Kali $KO + NO^{5\cdot}$	Kali KO	0,46609	0,93218
10) Kaliumplatinchlorid $Pt\,Cl^2 + K\,Cl$	Kalium K	0,16036	0,32072
11) Kaliumplatinchlorid $Pt\,Cl^2 + K\,Cl$	Kali KO	0,19314	0,38628
12) Kaliumplatinchlorid $Pt\,Cl^2 + K\,Cl$	Chlorkalium $K\,Cl$	0,30564	0,61128
13) Platin Pt	Kali KO	0,47880	0,95660
14) Kieselfluorkalium $3\,KF + 2\,Si\,F^3$	Kali $3\,KO$	0,42678	0,85356

B e m e r -

Die 7te und 8te Reihe der Tafel zeigen, wie man aus einer gefundenen Menge von Kohlensäure die Menge des in einer Pottasche

3.	4.	5.	6.	7.	8.	9.
1,62186	2,16248	2,70310	3,24372	3,78434	4,32496	4,86558
1,89570	2,52760	3,15950	3,79140	4,42330	5,05520	5,68710
1,57401	2,09868	2,62335	3,14802	3,67269	4,19736	4,72203
2,04546	2,72728	3,40910	4,09092	4,77274	5,45456	6,13638
6,42873	8,57164	10,71455	12,85746	15,00037	17,14328	19,28619
9,42873	12,57164	15,71455	18,85746	22,00037	25,14328	28,28619
1,39827	1,86436	2,33045	2,79654	3,26263	3,72872	4,19481
0,48108	0,64144	0,80180	0,96216	1,12252	1,28288	1,44324
0,57942	0,77256	0,96570	1,15884	1,35198	1,54512	1,73826
0,91692	1,22256	1,52820	1,83384	2,13948	2,44512	2,75076
1,43490	1,91320	2,39150	2,86980	3,34810	3,82640	4,30470
1,28034	1,70712	2,13390	2,56068	2,98746	3,41424	3,84102

k u n g.

enthaltenen Kalis oder des kohlensauren Kalis berechnet, wenn diese Bestimmung nach der Methode von Fresenius und Will stattfindet.

Gefunden.	Gesucht.	1.	2.
XXII. Kiesel. Si.			
1) Kieselsäure SiO^3	Kiesel Si	0,48077	0,96154
2) Kieselsäure SiO^3	Sauerstoff O^3	0,51923	1,08846
XXIII. Kobalt. Co.			
1) Kobaltoxyd CoO	Kobalt Co	0,78662	1,57324
2) Kobaltoxyd CoO	Sauerstoff O	0,21338	0,42676
3) Kobaltsesquioxyd CoO^3	Kobalt Co	0,71079	1,42158
4) Kobaltsesquioxyd CoO^3	Sauerstoff O^3	0,28921	0,57842
5) Kobalt Co	Kobaltoxyd CoO	1,27126	2,54252
XXIV. Kohle. C.			
1) Kohlenoxyd CO	Kohle C	0,42857	0,85714
2) Kohlenoxyd CO	Sauerstoff O	0,57143	1,14286
3) Oxalsäure CO^3	Kohle C	0,33333	0,66666
4) Oxalsäure CO^3	Sauerstoff O^3	0,66667	1,33334

3.	4.	5.	6.	7.	8.	9.
1,44231	1,92308	2,40385	2,88462	3,36539	3,84616	4,32693
1,55769	2,07692	2,59615	3,11538	3,63461	4,15384	4,67307
2,35986	3,14648	3,93310	4,71972	5,50634	6,29296	7,07958
0,64014	0,85352	1,06690	1,28028	1,49366	1,70704	1,92042
2,13237	2,84316	3,55395	4,26474	4,97553	5,68632	6,39711
0,86763	1,15684	1,44605	1,73526	2,02447	2,31368	2,60289
3,81378	5,08504	6,35630	7,62756	8,89882	10,17008	11,44134
1,28571	1,71428	2,14285	2,57142	2,99999	3,42856	3,85713
1,71429	2,28572	2,85715	3,42858	4,00001	4,57144	5,14287
0,99999	1,33332	1,66665	1,99998	2,33331	2,66664	2,99997
2,00001	2,66668	3,33335	4,00002	4,66669	5,33386	6,00003

Gefunden.	Gesucht.	1.	2.
XXIV. Kohle. C.			
5) Kohlensäure CO^2	Kohle C	0,27273	0,54546
6) Kohlensäure CO^2	Sauerstoff O^2	0,72727	1,45454
7) Kohlensäure CO^2	Kohlenoxyd CO	0,63636	1,27272
8) Kohlensäure CO^2	Oxalsäure $\frac{1}{2} \overline{C}O^3$	0,81818	1,63636
9) Kohlensaure Kalkerde $CaO + CO^2$	Oxalsäure $\frac{1}{2} \overline{C}O^3$	0,35905	0,71810
10) Kohlensaure Kalkerde $CaO + CO^2$	Kohlensäure CO^2	0,43884	0,87768
11) Kohlensaure Baryterde $BaO + CO^2$	Kohlensäure CO^2	0,22326	0,44652
12) Gold $\frac{2}{3}$ Au	Oxalsäure $\overline{C}O^3$	0,54915	1,09830

B e m e r -

Wird die Oxalsäure in einem oxalsauren Salze vermittelst einer Goldchloridlösung bestimmt, so berechnet man in der 12ten Reihe dieser Tafel aus der gefundenen Menge des Goldes die der Oxalsäure (S. 787). Es ist hierbei zu bemerken, dass bei der Reduction des Goldes 1 Atom

XXV. Kupfer, Cu.			
1) Kupferoxydul CuO	Kupfer Cu	0,88779	1,77558
2) Kupferoxydul CuO	Sauerstoff O	0,11221	0,22442

3.	4.	5.	6.	7.	8.	9.
0,81819	1,09092	1,36365	1,63638	1,90911	2,18184	2,45457
2,18181	2,90908	3,63635	4,36362	5,09089	5,81816	6,54543
1,90908	2,54544	3,18180	3,81816	4,45452	5,09088	5,72724
2,45454	3,27272	4,09090	4,90908	5,72726	6,54544	7,36362
1,07715	1,43620	1,79525	2,15430	2,51335	2,87240	3,23145
1,31652	1,75536	2,19420	2,63304	3,07188	3,51072	3,94956
0,66978	0,89304	1,11630	1,33956	1,56282	1,78608	2,00934
1,64745	2,19660	2,74575	3,29490	3,84405	4,39320	4,94235

k u n g.

Oxalsäure $^2/_3$ eines einfachen Atoms Gold (Au) entspricht, während bei den Reductionen, die in einer Goldchloridauflösung vermittelst antimonichter oder arsenichter Säure bewirkt werden, 1 Atom dieser Säuren $^2/_3$ Aequivalent Gold (Au) entsprechen.

2,66337	3,55116	4,43895	5,32674	6,21453	7,10232	7,99011
0,33663	0,44884	0,56105	0,67326	0,78547	0,89768	1,00989

Gefunden.	Gesucht.	1.	2
XXV. Kupfer. Cu.			
3) Kupferoxyd CuO	Kupfer Cu	0,79823	1,59646
4) Kupferoxyd CuO	Sauerstoff O	0,20177	0,40354
5) Kupferoxyd CuO	Kupferoxydul $1/_2$ CuO	0,89911	1,79822
6) Kupfer Cu	Kupferoxyd CuO	1,25278	2,50556
7) Schwefelkupfer (Kupfersub- sulphuret) CuS	Kupfer Cu	0,79762	1,59524
8) Schwefelkupfer (Kupfersul- phuret) CuS	Kupfer Cu	0,66337	1,32674
XXVI. Lanthan. La.			
1) Lanthanoxyd LaO	Lanthan La	0,85465	1,70930
2) Lanthanoxyd LaO	Sauerstoff O	0,14535	0,29070
XXVII. Lithium. L.			
1) Lithion LO	Lithium L	0,44952	0,89904
2) Lithion LO	Sauerstoff O	0,55048	1,10096
3) Schwefelsaures Lithion LO + SO³	Lithion LO	0,26620	0,53240
4) Kohlensaures Lithion LO + CO²	Lithion LO	0,39780	0,79560

3.	4.	5.	6.	7.	8.	9.
2,39469	3,19292	3,99115	4,78938	5,58761	6,38584	7,18407
0,60531	0,80708	1,00885	1,21062	1,41239	1,61416	1,81593
2,69733	3,59644	4,49555	5,39466	6,29377	7,19288	8,09199
3,75834	5,01112	6,26390	7,51668	8,76946	10,02224	11,27502
2,39286	3,19048	3,98810	4,78572	5,58334	6,38096	7,17858
1,99011	2,65348	3,31685	3,98022	4,64359	5,30696	5,97033
2,56395	3,41860	4,27325	5,12790	5,98255	6,83720	7,69185
0,43605	0,58140	0,72675	0,87210	1,01745	1,16280	1,30815
1,84856	1,79808	2,24760	2,69712	3,14664	3,59616	4,04568
1,65144	2,20192	2,75240	3,30288	3,85336	4,40884	4,95432
0,79860	1,06480	1,33100	1,59720	1,86340	2,12960	2,39580
1,19340	1,59120	1,98900	2,38680	2,78460	3,18240	3,58020

Gefunden.	Gesucht.	**1.**	**2.**
XXVII. Lithium. L.			
5) Chlorlithium L Cl	Lithion L O	0,34606	0,69212
6) Chlorlithium L Cl	Lithium L	0,15556	0,31112
XXVIII. Magnesium. Mg.			
1) Magnesia Mg O	Magnesium Mg	0,60708	1,21416
2) Magnesia Mg O	Sauerstoff O	0,39292	0,78584
3) Schwefelsaure Magnesia $MgO + SO^3$	Magnesia Mg O	0,33698	0,67396
4) Phosphorsaure Magnesia. $2MgO + PO^5$	Magnesia 2 Mg O	0,36330	0,72661
XXIX. Mangan. Mn.			
1) Manganoxydul Mn O	Mangan Mn	0,77512	1,55024
2) Manganoxydul Mn O	Sauerstoff O	0,22488	0,44976
3) Manganoxyd MnO^3	Mangan Mn	0,69678	1,39356
4) Manganoxyd MnO^3	Sauerstoff O^3	0,30322	0,60644
5) Mangansuperoxyd MnO^2	Mangan Mn	0,63281	1,26562
6) Mpangasuneroxyd MnO^2	Sauerstoff O^2	0,36719	0,78334

3.	4.	5.	6.	7.	8.	9.
1,03818	1,38424	1,73030	2,07636	2,42242	2,76848	3,11454
0,46668	0,62224	0,77780	0,93336	1,08892	1,24448	1,40004
1,82124	2,42832	3,03540	3,64248	4,24956	4,85664	5,46372
1,17876	1,57168	1,96460	2,35752	2,75044	3,14336	3,53628
1,01094	1,34792	1,68490	2,02188	2,35886	2,69584	3,03282
1,08991	1,45322	1,81652	2,17983	2,54313	2,90644	3,26974
2,32536	3,10048	3,87560	4,65072	5,42584	6,20096	6,97608
0,67464	0,89952	1,12440	1,34928	1,57416	1,79904	2,02392
2,09034	2,78712	3,48390	4,18068	4,87746	5,57424	6,27102
0,90966	1,21288	1,51610	1,81932	2,12254	2,42576	2,72898
1,89843	2,53124	3,16405	3,79686	4,42967	5,06248	5,69529
1,10157	1,46876	1,83595	2,20314	2,57033	2,93752	3,30471

Gefunden.	Gesucht.	1.	2.

XXIX. Mangan. Mn.

Gefunden.	Gesucht.	1.	2.
7) Mangansäure MnO^3	Mangan Mn	0,53466	1,06932
8) Mangansäure MnO^3	Sauerstoff O^3	0,46534	0,93068
9) Uebermangansäure MnO^7	Mangan Mn	0,49617	0,99234
10) Uebermangansäure MnO^7	Sauerstoff O^7	0,50383	1,00766
11) Manganoxyd-Oxydul $MnO + MnO^3$	Manganoxydul 3 MnO	0,93027	1,86054
12) Manganoxyd-Oxydul $MnO + MnO^3$	Manganoxyd $1\frac{1}{2} MnO^3$	1,03487	2,06974
13) Manganoxyd-Oxydul $MnO + MnO^3$	Mangansuperoxyd $3 MnO^2$	1,13946	2,27893
14) Manganoxyd-Oxydul $MnO + MnO^3$	Mangansäure $3 MnO^3$	1,34866	2,69732
15) Manganoxyd-Oxydul $MnO + MnO^3$	Uebermangansäure $1\frac{1}{2} MnO^7$	1,45326	2,90652
16) Kupfer 2 Cu	Manganoxyd MnO^3	1,25046	2,50093
17) Kupfer 2 Cu	Mangansuperoxyd MnO^2	0,68842	1,37684
18) Kohlensäure $2 CO^2$	Mangansuperoxyd MnO^2	0,99033	1,98066
19) Schwefelsaure Baryterde $BaO + SO^3$	Mangansuperoxyd MnO^2	0,37371	0,74742
20) Quecksilberchlorür HgCl	Mangansuperoxyd MnO^2	0,18490	0,36980

3.	4.	5.	6.	7.	8.	9.
1,60398	2,13864	2,67330	3,20796	3,74262	4,27728	4,81194
1,39602	1,86136	2,32670	2,79204	3,25738	3,72272	4,18806
1,48851	1,98468	2,48085	2,97702	3,47319	3,96936	4,46558
1,51149	2,01532	2,51915	3,02298	3,52681	4,03064	4,53447
2,79081	3,72108	4,65135	5,58162	6,51189	7,44216	8,37243
3,10461	4,13948	5,17435	6,20922	7,24409	8,27896	9,31383
3,41839	4,55786	5,69732	6,83679	7,97625	9,11572	10,25518
4,04598	5,39464	6,74330	8,09196	9,44062	10,78928	12,13794
4,35978	5,81304	7,26630	8,71956	10,17282	11,62608	13,07934
3,75139	5,00186	6,25232	7,50279	8,75325	10,00372	11,25418
2,06526	2,75368	3,44210	4,13052	4,81894	5,50736	6,19578
2,97099	3,96132	4,95165	5,94198	6,93231	7,92264	8,91297
1,12113	1,49484	1,86855	2,24226	2,61597	2,98968	3,36339
0,55470	0,73960	0,92450	1,10940	1,29430	1,47920	1,66410

4*

Gefunden.	Gesucht.	1.	2.

XXIX. Mangan.

21) Schwefels. Eisenoxydul $2 (FeO + SO^3 + 7 HO)$	Mangansuperoxyd MnO^2	0,15663	0,31326
22) Sauerstoff $2 O$	Mangansuperoxyd $3 MnO^2$	8,17026	16,34052
23) Sauerstoff O	Manganoxyd $3 MnO^3$	29,68104	59,36208
24) Schwefels. Manganoxydul $MnO + SO^3$	Manganoxydul MnO	0,47035	0,94070

B e m e r -

Die Reihen 17 — 22 dieser Tafel zeigen, wie man bei einer Prüfung des Braunsteins nach den verschiedenen Methoden der Bestimmung die Menge des reinen Mangansuperoxyds in einem Braunstein findet (S. 82 — 91). Die 22ste Reihe giebt die Menge des Sauerstoffs an, die das reine Mangansuperoxyd beim Glühen entwickelt.

Bisweilen beurtheilt man die Güte eines Braunsteins aus der Menge des Chlors, die er bei der Behandlung mit Chlorwasserstoffsäure entwickelt, und wünscht bei der Prüfung eines Braunsteins nur die Menge des Chlors zu erfahren, die er entwickeln würde. Die Reihen 17 — 21 der Tafel geben alle nur den Gehalt an reinem Mangansuperoxyd,

XXX. Molybdän. Mo.

1) Molybdänoxydul MoO	Molybdän Mo	0,85181	1,70362
2) Molybdänoxydul MoO	Sauerstoff O	0,14819	0,29638
3) Molybdänoxyd MoO^2	Molybdän Mo	0,74188	1,48376
4) Molybdänoxyd MoO^2	Sauerstoff O^2	0,25812	0,51624

3.	4.	5.	6.	7.	8.	9.
0,46989	0,62652	0,78315	0,93978	1,09641	1,25304	1,40967
24,51078	32,68104	40,85130	49,02156	57,19182	65,36208	73,53234
89,04312	118,72416	148,40520	178,08624	207,76728	237,44832	267,12936
1,41105	1,88140	2,35175	2,82210	3,29245	3,76280	4,23315

k u n g e n.

aber mit Leichtigkeit kann man aus den Tafeln diese Frage beant-
worten. Hat man die Menge des nach einer der verschiedenen Methoden gefundenen Mangansuperoxyds berechnet, so sucht man in der
6ten Reihe dieser Tafel die dem Mangansuperoxyd entsprechende
Menge Sauerstoff auf, dividirt die erhaltene Zahl durch 2, und sucht
dann in der 7ten Reihe der Tafel XII. die dieser Zahl entsprechende
Menge Chlor. Ein Atom Sauerstoff des Mangansuperoxyds entspricht
einem Aequivalent Chlor, das derselbe bei seiner Behandlung mit
Chlorwasserstoffsäure entwickeln würde.

2,55543	3,40724	4,25905	5,11086	5,96267	6,81448	7,66629
0,44457	0,59276	0,74095	0,88914	1,03733	1,18552	1,33371
2,22564	2,96752	3,70940	4,45128	5,19316	5,93504	6,67692
0,77436	1,03248	1,29060	1,54872	1,80684	2,06496	2,32308

Gefunden.	Gesucht.	1.	2.

XXX. Molybdän. Mo.

Gefunden.	Gesucht.	1.	2.
5) Molybdänsäure MoO^3	Molybdän Mo	0,65708	1,31416
6) Molybdänsäure MoO^3	Sauerstoff O^3	0,34292	0,68584
7) Molybdän Mo	Molybdänsäure MoO^3	1,52189	3,04378
8) Molybdänoxyd MoO^2	Molybdänsäure MoO^3	1,12906	2,25812
9) Schwefelmolybdän (Molybdänbisulphuret) MoS^2	Molybdän Mo	0,58877	1,17754
10) Schwefelmolybdän (Molybdänsulphid) MoS^3	Molybdän Mo	0,48835	0,97670

XXXI. Natrium. Na.

Gefunden.	Gesucht.	1.	2.
1) Natron NaO	Natrium Na	0,74341	1,48682
2) Natron NaO	Sauerstoff O	0,25659	0,51318
3) Schwefelsaures Natron $NaO + SO^3$	Natron NaO	0,43766	0,87532
4) Chlornatrium $NaCl$	Natron NaO	0,53168	1,06336
5) Chlornatrium $NaCl$	Natrium Na	0,39526	0,79052
6) Kohlensaures Natron $NaO + CO^2$	Natron NaO	0,58630	1,17260
7) Kohlensäure CO^2	Natron NaO	1,41720	2,83440

3.	4.	5.	6.	7.	8.	9.
1,97124	2,62832	3,28540	3,94248	4,59956	5,25664	5,91372
1,02876	1,37168	1,71460	2,05752	2,40044	2,74336	3,08628
4,56567	6,08756	7,60945	9,13134	10,65323	12,17512	13,69701
3,38718	4,51624	5,64530	6,77436	7,90342	9,03248	10,16154
1,76631	2,35508	2,94385	3,53262	4,12139	4,71016	5,29893
1,46505	1,95340	2,44175	2,93010	3,41845	3,90680	4,39515
2,23023	2,97364	3,71705	4,46046	5,20387	5,94728	6,69069
0,76977	1,02636	1,28295	1,53954	1,79613	2,05272	2,30931
1,31298	1,75064	2,18830	2,62596	3,06362	3,50128	3,93894
1,59504	2,12672	2,65840	3,19008	3,72176	4,25344	4,78512
1,18578	1,58104	1,97630	2,37156	2,76682	3,16208	3,55734
1,75890	2,34520	2,93150	3,51780	4,10410	4,69040	5,27670
4,25160	5,66880	7,08600	8,50320	9,92040	11,33760	12,75480

Gefunden.	Gesucht.	**1.**	**2.**
XXXI. Natrium. Na.			
8) Kohlensäure CO^2	Kohlens. Natron $NaO + CO^2$	2,41720	4,83440
9) Kieselfluornatrium $3\,NaF + 2\,SiF^3$	Natron $3\,NaO$	0,32994	0,65988

Bemer-

In der 7ten und 8ten Reihe dieser Tafel berechnet man aus der Menge der gefundenen Kohlensäure die des reinen Natrons oder des

Gefunden.	Gesucht.	1.	2.
XXXII. Nickel. Ni.			
1) Nickeloxyd NiO	Nickel Ni	0,78693	1,57386
2) Nickeloxyd NiO	Sauerstoff O	0,21307	0,42614
3) Nickelsesquioxyd NiO^3	Nickel Ni	0,71117	1,42234
4) Nickelsesquioxyd NiO^3	Sauerstoff O^3	0,28883	0,57766
5) Nickel Ni	Nickeloxyd NiO	1,27076	2,54152
XXXIII. Niobium. Nb.			
1) Niobsäure NbO^3	Niob Nb		
2) Niobsäure NbO^3	Sauerstoff O^3		

3	4.	5.	6.	7.	8.	9.
7,25160	9,66880	12,08600	14,50320	16,92040	19,33760	21,75480
0,98982	1,31976	1,64970	1,97964	2,30958	2,63952	2,96946

k u n g.

kohlensauren Natrons einer Soda, wenn die Prüfung desselben nach der Methode von Fresenius und Will stattfindet.

2,36079	3,14772	3,93465	4,72158	5,50851	6,29544	7,08237
0,63921	0,85228	1,06535	1,27842	1,49149	1,70456	1,91763
2,13351	2,84468	3,55585	4,26702	4,97819	5,68936	6,40053
0,86649	1,15532	1,44415	1,73298	2,02181	2,31064	2,59947
3,81228	5,08304	6,35380	7,62456	8,89532	10,16608	11,43684

Gefunden.	Gesucht.	1.	2.
XXXIV. Osmium. Os.			
1) Osmiumoxydul Os O	Osmium Os	0,92552	1,85104
2) Osmiumoxydul Os O	Sauerstoff O	0,07448	0,14896
3) Osmiumsesquioxydul Os O³	Osmium Os	0,89229	1,78458
4) Osmiumsesquioxydul Os O³	Sauerstoff O³	0,10771	0,21542
5) Osmiumoxyd Os O²	Osmium Os	0,86136	1,72272
6) Osmiumoxyd Os O²	Sauerstoff O²	0,13864	0,27728
7) Osmiumsesquioxyd Os O³	Osmium Os	0,80553	1,61106
8) Osmiumsesquioxyd Os O³	Sauerstoff O³	0,19447	0,38894
9) Osmiumsäure Os O⁴	Osmium Os	0,75649	1,51298
10) Osmiumsäure Os O⁴	Sauerstoff O⁴	0,24351	0,48702
11) Osmium Os	Osmiumsäure Os O⁴	1,32190	2,64380
12) Osmium Os	Osmiumsesqui- oxyd Os O³	1,24142	2,48284
13) Osmium Os	Osmiumoxyd Os O²	1,16095	2,32190
14) Osmium Os	Osmiumsesqui- oxydul Os O³	1,12071	2,24142
15) Osmium Os	Osmiumoxydul Os O	1,08047	2,16095

3.	4.	5.	6.	7.	8.	9.
2,77656	3,70208	4,62760	5,55312	6,47864	7,40416	8,32968
0,22344	0,29792	0,37240	0,44688	0,52136	0,59584	0,67032
2,67687	3,56916	4,46145	5,35374	6,24603	7,13882	8,03061
0,32313	0,43084	0,53855	0,64626	0,75397	0,86168	0,96939
2,58408	3,44544	4,30680	5,16816	6,02952	6,89088	7,75224
0,41592	0,55456	0,69320	0,83184	0,97048	1,10912	1,24776
2,41659	3,22212	4,02765	4,83318	5,63871	6,44424	7,24977
0,58341	0,77788	0,97235	1,16682	1,36029	1,55576	1,75023
2,26947	3,02596	3,78245	4,53894	5,29543	6,05192	6,80841
0,73053	0,97404	1,21755	1,46106	1,70457	1,94808	2,19159
3,96570	5,28760	6,60950	7,93140	9,25330	10,57520	11,89710
3,72426	4,96568	6,20710	7,44852	8,68994	9,93136	11,17278
3,48285	4,64380	5,80475	6,96570	8,12665	9,28760	10,44855
3,36213	4,48284	5,60355	6,72426	7,84497	8,96568	10,08639
3,24142	4,32190	5,40237	6,48285	7,56332	8,64380	9,72427

Gefunden.	Gesucht.	1.	2.

XXXV. Palladium. Pd.

Gefunden.	Gesucht.	1.	2.
1) Palladiumoxydul PdO	Palladium Pd	0,86936	1,73872
2) Palladiumoxydul PdO	Sauerstoff O	0,13064	0,26128
3) Palladiumoxyd PdO²	Palladium Pd	0,76891	1,53782
4) Palladiumoxyd PdO²	Sauerstoff O²	0,23109	0,46218
5) Kaliumpalladiumchlorür KCl + PdCl	Palladium Pd	0,32600	0,65200
6) Palladium Pd	Palladiumoxydul PdO	1,15027	2,30054
7) Palladium Pd	Palladiumchlorür PdCl	1,66611	3,33222

XXXVI. Pelopium. Pe

Gefunden.	Gesucht.	1.	2.
1) Pelopsäure PeO³	Pelopium Pe		
2) Pelopsäure PeO³	Sauerstoff O³		

XXXVII. Phosphor. P.

Gefunden.	Gesucht.	1.	2.
1) Unterphosphorichte Säure PO	Phosphor P	0,79676	1,59353
2) Unterphosphorichte Säure PO	Sauerstoff O	0,20324	0,40647
3) Phosphorichte Säure PO³	Phosphor P	0,56650	1,13300

3.	4.	5.	6.	7.	8.	9.
2,60808	3,47744	4,34680	5,21616	6,08552	6,95488	7,82424
0,39192	0,52256	0,65320	0,78384	0,91448	1,04512	1,17576
2,30673	3,07564	3,84455	4,61346	5,38237	6,15128	6,92019
0,69327	0,92436	1,15545	1,38654	1,61763	1,84872	2,07981
0,97800	1,30400	1,63000	1,95600	2,28200	2,60800	2,93400
3,45081	4,60108	5,75135	6,90162	8,05189	9,20216	10,35243
4,99833	6,66444	8,33055	9,99666	11,66277	13,32888	14,99499
2,39029	3,18706	3,98382	4,78059	5,57735	6,37412	7,17088
0,60971	0,81294	1,01618	1,21941	1,42265	1,62588	1,82912
1,69950	2,26600	2,83250	3,39900	3,96550	4,53200	5,09850

Gefunden.	Gesucht.	1.	2.
XXXVII. Phosphor. P.			
4) Phosphorichte Säure PO^3	Sauerstoff O^3	0,43350	0,86700
5) Phosphorsäure PO^5	Phosphor P	0,43949	0,87898
6) Phosphorsäure PO^5	Sauerstoff O^5	0,56051	1,12102
7) Phosphorsäure PO^5	Unterphosphorichte Säure PO	0,55159	1,10318
8) Phosphorsäure PO^5	Phosphorichte Säure PO^3	0,77579	1,55159
9) Phosphors. Magnesia $2 MgO + PO^5$	Phosphorsäure PO^5	0,63669	1,27339
10) Phosphors. Magnesia $2 MgO + PO^5$	Unterphosphorichte Säure PO	0,35119	0,70239
11) Phosphors. Magnesia $2 MgO + PO^5$	Phosphorichte Säure PO^3	0,49394	0,98789
12) Phosphors. Bleioxyd $2 PbO + PO^5$	Phosphorsäure PO^5	0,24231	0,48463
13) Phosphors. Kalkerde $2 CaO + PO^5$	Phosphorsäure PO^5	0,55915	1,11830
14) Phosphors. Baryterde $2 BaO + PO^5$	Phosphorsäure PO^5	0,31795	0,63590
15) Phosphors. Eisenoxyd $2 FeO^3 + 3 PO^5$	Phosphorsäure $3 PO^5$	0,57204	1,14408
16) Phosphors. Silberoxyd (neutrales) $2 AgO + PO^5$	Phosphorsäure PO^5	0,23528	0,47056
17) Phosphors. Silberoxyd (basisches) $3 AgO + PO^5$	Phosphorsäure PO^5	0,17020	0,34040

3.	4.	5.	6.	7.	8.	9.
1,30050	1,73400	2,16750	2,60100	3,03450	3,46800	3,90150
1,31847	1,75796	2,19745	2,63694	3,07643	3,51592	3,95541
1,68153	2,24204	2,80255	3,36306	3,92357	4,48408	5,04459
1,65477	2,20636	2,75795	3,30954	3,86113	4,41272	4,96431
2,32738	3,10318	3,87897	4,65477	5,43056	6,20636	6,98215
1,91008	2,54678	3,18347	3,82017	4,45686	5,09356	5,73025
1,05358	1,40478	1,75597	2,10717	2,45836	2,80956	3,16075
1,48183	1,97578	2,46972	2,96367	3,45761	3,95156	4,44550
0,72694	0,96926	1,21157	1,45389	1,69620	1,93852	2,18083
1,67745	2,23660	2,79575	3,35490	3,91405	4,47320	5,03235
0,95385	1,27180	1,58975	1,90770	2,22565	2,54360	2,86155
1,71612	2,28816	2,86020	3,43224	4,00428	4,57632	5,14836
0,70584	0,94112	1,17640	1,41168	1,64696	1,88224	2,11752
0,51060	0,68080	0,85100	1,02120	1,19140	1,36160	1,53180

Gefunden.	Gesucht.	**1.**	**2.**

XXXVII. Phosphor. P.

Gefunden.	Gesucht.	1.	2.
18) Quecksilberchlorür $4\,Hg\,Cl$	Unterphosphor. Säure PO	0,04176	0,08352
19) Quecksilberchlorür $2\,Hg\,Cl$	Phosphorichte Säure PO^3	0,11746	0,23492
20) Gold $4\,Au$	Unterphosphor. Säure $3\,PO$	0,15011	0,30022
21) Gold $2\,Au$	Phosphorichte Säure $3\,PO^3$	0,42226	0,84452

B e m e r -
Nach der 18ten Reihe dieser Tafel kann man die Menge der unter-
phosphorichten Säure aus einer gewogenen Menge von Quecksilberchlorür berechnen, welches erstere aus einer Auflösung von Queck-
silberchlorid gefällt hat (S. 546).

XXXVIII. Platin. Pt.

Gefunden.	Gesucht.	1.	2.
1) Platinoxydul $Pt\,O$	Platin Pt	0,92493	1,84986
2) Platinoxydul $Pt\,O$	Sauerstoff O	0,07507	0,15014
3) Platinoxyd $Pt\,O^2$	Platin Pt	0,86034	1,72068
4) Platinoxyd $Pt\,O^2$	Sauerstoff O^2	0,13966	0,27932
5) Kaliumplatinchlorid $Pt\,Cl^2 + K\,Cl$	Platin Pt	0,40380	0,80760
6) Ammoniumplatinchlorid $Pt\,Cl^2 + NH^4\,Cl$	Platin Pt	0,44208	0,88416
7) Platin Pt	Platinchlorid $Pt\,Cl^2$	1,71956	3,43912

3.	4.	5.	6.	7.	8.	9.
0,12528	0,16704	0,20880	0,25056	0,29232	0,33408	0,37584
0,35238	0,46984	0,58730	0,70476	0,82222	0,93968	1,05714
0,45033	0,60044	0,75055	0,90066	1,05077	1,20088	1,35099
1,26678	1,68904	2,11130	2,53356	2,95582	3,37808	3,80034

k u n g e n.

Durch die 19te Reihe erfährt man auf eine ähnliche Weise die Menge von phosphorichter Säure aus einer gefundenen Menge von Quecksilberchlorür.

2,77479	3,69972	4,62465	5,54958	6,47451	7,39944	8,32437
0,22521	0,30028	0,37535	0,45042	0,52549	0,60056	0,67563
2,58102	3,44136	4,30170	5,16204	6,02238	6,88272	7,74306
0,41898	0,55864	0,69830	0,83796	0,97762	1,11728	1,25694
1,21140	1,61520	2,01900	2,42280	2,82660	3,23040	3,63420
1,32624	1,76832	2,21040	2,65248	3,09456	3,53664	3,97872
5,15868	6,87824	8,59780	10,31736	12,03692	13,75648	15,47604

Gefunden.	Gesucht.	1.	2.
XXXIX. Quecksilber. Hg.			
1) Quecksilberoxydul $Hg\,O$	Quecksilber Hg	0,96158	1,92316
2) Quecksilberoxydul $Hg\,O$	Sauerstoff O	0,03842	0,07684
3) Quecksilberoxyd $Hg\,O$	Quecksilber Hg	0,92600	1,85200
4) Quecksilberoxyd $Hg\,O$	Sauerstoff O	0,07400	0,14800
5) Quecksilberchlorür $Hg\,Cl$	Quecksilber Hg	0,84952	1,69904
6) Quecksilberchlorür $Hg\,Cl$	Quecksilberoxydul $Hg\,O$	0,88347	1,76694
7) Quecksilberchlorür $Hg\,Cl$	Quecksilberoxyd $2\,Hg\,O$	0,91742	1,83484
8) Quecksilberchlorid $Hg\,Cl$	Quecksilber Hg	0,73841	1,47682
9) Quecksilberchlorid $Hg\,Cl$	Quecksilberoxyd $Hg\,O$	0,79742	1,59484
10) Schwefelquecksilber $Hg\,S$	Quecksilber Hg	0,86175	1,72350
11) Schwefelquecksilber $Hg\,S$	Quecksilberoxyd $Hg\,O$	0,93061	1,86123
12) Schwefelquecksilber $Hg\,S$	Quecksilberchlorid $Hg\,Cl$	1,16703	2,33406
13) Quecksilber Hg	Quecksilberoxydul $\tfrac{1}{2}\,Hg\,O$	1,03996	2,07992
14) Quecksilber Hg	Quecksilberoxyd $Hg\,O$	1,07992	2,15984

3.	4.	5.	6.	7.	8.	9.
2,88474	3,84632	4,80790	5,76948	6,73106	7,69264	8,65422
0,11526	0,15368	0,19210	0,23052	0,26894	0,30736	0,34578
2,77800	3,70400	4,63000	5,55600	6,48200	7,40800	8,33400
0,22200	0,29600	0,37000	0,44400	0,51800	0,59200	0,66600
2,54856	3,39808	4,24760	5,09712	5,94664	6,79616	7,64568
2,65041	3,53388	4,41735	5,30082	6,18429	7,06776	7,95123
2,75226	3,66968	4,58710	5,50452	6,42194	7,33936	8,25678
2,21523	2,95364	3,69205	4,43046	5,16887	5,90728	6,64569
2,39226	3,18968	3,98710	4,78452	5,58194	6,37936	7,17678
2,58525	3,44700	4,30875	5,17050	6,03225	6,89400	7,75575
2,79184	3,72246	4,65307	5,58369	6,51430	7,44492	8,37553
3,50109	4,66812	5,83515	7,00218	8,16921	9,33624	10,50327
3,11988	4,15984	5,19980	6,23976	7,27972	8,31968	9,35964
3,23976	4,31968	5,39960	6,47952	7,55944	8,63936	9,71928

Gefunden.	Gesucht.	1.	2.
XXXIX. Quecksilber. Hg.			
15) Quecksilber Hg	Quecksilberchlorür $\frac{1}{2}$ Hg Cl	1,17713	2,35426
16) Quecksilber Hg	Quecksilberchlorid Hg Cl	1,35426	2,70852
XL. Rhodium. R.			
1) Rhodiumoxydul RO	Rhodium R	0,86701	1,73402
2) Rhodiumoxydul RO	Sauerstoff O	0,13299	0,26598
3) Rhodiumoxyd RO^3	Rhodium R	0,81296	1,62592
4) Rhodiumoxyd RO^3	Sauerstoff O^3	0,18704	0,37408
5) Rhodium R	Rhodiumoxyd $\frac{1}{2}RO^3$	1,23007	2,46014
6) Rhodium R	Rhodiumchlorid $\frac{1}{2}R\,Cl^3$	2,01987	4,03975
XLI. Ruthenium. Ru.			
1) Rutheniumoxydul RuO	Ruthenium Ru	0,86701	1,73402
2) Rutheniumoxydul RuO	Sauerstoff O	0,13299	0,26598
3) Rutheniumsesquioxydul RuO^3	Ruthenium Ru	0,81296	1,62592
4) Rutheniumsesquioxydul RuO^3	Sauerstoff O^3	0,18704	0,37408

3.	4.	5.	6.	7.	8.	9.
3,53139	4,70852	5,88565	7,06278	8,23991	9,41704	10,59417
4,06278	5,41704	6,77130	8,12556	9,47982	10,83408	12,18834
2,60103	3,46804	4,33505	5,20206	6,06907	6,93608	7,80309
0,39897	0,53196	0,66495	0,79794	0,93093	1,06392	1,19691
2,43888	3,25184	4,06480	4,87776	5,69072	6,50368	7,31664
0,56112	0,74816	0,93520	1,12224	1,30928	1,49632	1,68336
3,69021	4,92028	6,15035	7,38042	8,61049	9,84056	11,07063
6,05962	8,07950	10,09937	12,11925	14,18912	16,15900	18,17887
2,60103	3,46804	4,33505	5,20206	6,06907	6,93608	7,80309
0,39897	0,53196	0,66495	0,79794	0,93093	1,06392	1,19691
2,43888	3,25184	4,06480	4,87776	5,69072	6,50368	7,31664
0,56112	0,74816	0,93520	1,12224	1,30928	1,49632	1,68336

Gefunden.	Gesucht.	**1.**	**2.**
XLI. Ruthenium. Ru.			
5) Rutheniumoxyd RuO²	Ruthenium Ru	0,76525	1,53050
6) Rutheniumoxyd RuO²	Sauerstoff O²	0,23475	0,46950
7) Rutheniumsäure RuO³	Ruthenium Ru	0,68486	1,36972
8) Rutheniumsäure RuO³	Sauerstoff O³	0,31514	0,63028
9) Ruthenium Ru	Rutheniumoxydul RuO	1,15338	2,30676
10) Ruthenium Ru	Rutheniumsesquioxydul ½RuO³	1,23007	2,46014
11) Ruthenium Ru	Rutheniumoxyd· RuO²	1,30677	2,61354
12) Ruthenium Ru	Rutheniumsäure RuO³	1,46015	2,92030
13) Ruthenium Ru	Rutheniumchlorür RuCl	1,67992	3,35984
14) Ruthenium Ru	Rutheniumsesquichlorür ½RuCl	2,01987	4,03975
15) Ruthenium Ru	Rutheniumchlorid RuCl²	2,35983	4,71966
XLII. Sauerstoff. O.			
Kupfer 2Cu	Sauerstoff O	0,12639	0,25278

B e m e r -

Mehrere Oxyde, die mit Chlorwasserstoffsäure behandelt Chlor ab-

3.	4.	5.	6.	7.	8.	9.
2,29575	3,06100	3,82625	4,59150	5,35675	6,12200	6,88725
0,70425	0,93900	1,17375	1,40850	1,64325	1,87800	2,11275
2,05458	2,73944	3,42430	4,10916	4,79402	5,47888	6,16374
0,94542	1,26056	1,57570	1,89084	2,20598	2,52112	2,83626
3,46014	4,61352	5,76690	6,92028	8,07366	9,22704	10,38042
3,69021	4,92028	6,15035	7,38042	8,61049	9,84056	11,07063
3,92031	5,22708	6,53385	7,84062	9,14739	10,45416	11,76093
4,38045	5,84060	7,30075	8,76090	10,22105	11,68120	13,14135
5,03976	6,71968	8,39960	10,07952	11,75944	13,43936	15,11928
6,05962	8,07950	10,09937	12,11925	14,13912	16,15900	18,17887
7,07949	9,43932	11,79915	14,15898	16,51881	18,87864	21,23847
0,37917	0,50556	0,63195	0,75834	0,88473	1,01112	1,13751

k u n g.

geben wenn sie mit Kupferblech in Berührung gebracht werden, können auf diese Weise ihrer Menge nach bestimmt werden. Es wird ein Theil des Kupfers aufgelöst, indem sich Kupferchlorür bildet. Aus der Menge des aufgelösten Kupfers berechnet man die des Sauerstoffs, und aus die-

Gefunden.	Gesucht.	1.	2.
XLIII. Schwefel. S.			
1) Unterschweflichte Säure 2 S + 2 O	Schwefel 2 S	0,66750	1,33500
2) Unterschweflichte Säure 2 S + 2 O	Sauerstoff 2 O	0,33250	0,66500
3) Pentathionsäure 5 S + 5 O	Schwefel 5 S	0,66750	1,33500
4) Pentathionsäure 5 S + 5 O	Sauerstoff 5 O	0,33250	0,66500
5) Tetrathionsäure 4 S + 5 O	Schwefel 4 S	0,61627	1,23254
6) Tetrathionsäure 4 S + 5 O	Sauerstoff 5 O	0,38373	0,76746
7) Trithionsäure 3 S + 5 O	Schwefel 3 S	0,54638	1,09276
8) Trithionsäure 3 S + 5 O ·	Sauerstoff 5 O	0,45362	0,90724
9) Schweflichte Säure S + 2 O	Schwefel S	0,50094	1,00188
10) Schweflichte Säure S + 2 O	Sauerstoff 2 O	0,49906	0,99812
11) Unterschwefelsäure 2 S + 5 O	Schwefel 2 S	0,44537	0,89074
12) Unterschwefelsäure 2 S + 5 O	Sauerstoff 5 O	0,55463	1,10926
13) Schwefelsäure S + 3 O	Schwefel S	0,40090	0,80180

ser kann man dann leicht die Menge des Oxyds berechnen, wenn die Zusammensetzung desselben bekannt ist.

3.	4.	5.	6.	7.	8.	9.
2,00250	2,67000	3,33750	4,00500	4,67250	5,34000	6,00750
0,99750	1,33000	1,66250	1,99500	2,32750	2,66000	2,99250
2,00250	2,67000	3,33750	4,00500	4,67250	5,34000	6,00750
0,99750	1,33000	1,66250	1,99500	2,32750	2,66000	2,99250
1,84881	2,46508	3,08135	3,69762	4,31389	4,93016	5,54643
1,15119	1,53492	1,91865	2,30238	2,68611	3,06984	3,45357
1,63914	2,18552	2,73190	3,27828	3,82466	4,37104	4,91742
1,36086	1,81448	2,26810	2,72172	3,17534	3,62896	4,08258
1,50282	2,00376	2,50470	3,00564	3,50658	4,00752	4,50846
1,49718	1,99624	2,49530	2,99436	3,49342	3,99248	4,49154
1,33611	1,78148	2,22685	2,67222	3,11759	8,56296	4,00833
1,66389	2,21852	2,77315	3,32778	3,88241	4,43704	4,99167
1,20270	1,60360	2,00450	2,40540	2,80630	3,20720	3,60810

Gefunden.	Gesucht.	**1.**	**2.**
XLIII. Schwefel. S.			
14) Schwefelsäure $S + 3O$	Sauerstoff $3O$	0,59910	1,19820
15) Schwefels. Baryterde $BaO + SO^3$	Schwefel S	0,13773	0,27546
16) Schwefels. Baryterde $2(BaO + SO^3)$	Unterschweflichte Säure $2S + 2O$	0,20634	0,41268
17) Schwefels. Baryterde $BaO + SO$	Unterschweflichte Säure $2S + 2O$	0,41269	0,82538
18) Schwefels. Baryterde $5(BaO + SO^3)$	Pentathionsäure $5S + 5O$	0,20634	0,41268
19) Schwefels. Baryterde $4(BaO + SO^3)$	Tetrathionsäure $4S + 5O$	0,22350	0,44700
20) Schwefels. Baryterde $3(BaO + SO^3)$	Trithionsäure $3S + 5O$ ·	0,25208	0,50416
21) Schwefels. Baryterde $BaO + SO^3$	Schweflichte Säure $S + 2O$	0,27495	0,54990
22) Schwefels. Baryterde $2(BaO + SO^3)$	Unterschwefel- säure $2S + 5O$	0,30926	0,61852
23) Schwefels. Baryterde $BaO + SO^3$	Schwefelsäure $S + 3O$	0,34356	0,68712
24) Schwefels. Kalkerde $CaO + SO^3$	Schwefelsäure $S + 3O$	0,58746	1,17492
25) Schwefels. Bleioxyd $PbO + SO^3$	Schwefel S	0,10591	0,21182
26) Schwefels. Bleioxyd $PbO + SO^3$	Schwefelsäure $S + 3O$	0,26419	0,52838
27) Schwefelsilber AgS	Schwefel S	0,12948	0,25896

3.	4.	5.	6.	7.	8.	9.
1,79730	2,39640	2,99550	3,59460	4,19370	4,79280	5,39190
0,41319	0,55092	0,68865	0,82638	0,96411	1,10184	1,23957
0,61902	0,82536	1,03170	1,23804	1,44438	1,65072	1,85706
1,23807	1,65076	2,06345	2,47614	2,88883	3,30152	3,71421
0,61902	0,82536	1,03170	1,23804	1,44438	1,65072	1,85706
0,67050	0,89400	1,11750	1,34100	1,56450	1,78800	2,01150
0,75624	1,00832	1,26040	1,51248	1,76456	2,01664	2,26872
0,82485	1,09980	1,37475	1,64970	1,92465	2,19960	2,47455
0,92778	1,23704	1,54630	1,85556	2,16482	2,47408	2,78334
1,03068	1,37424	1,71780	2,06136	2,40492	2,74848	3,09204
1,76238	2,34984	2,93730	3,52476	4,11222	4,69968	5,28714
0,31773	0,42364	0,52955	0,63546	0,74137	0,84728	0,95319
0,79257	1,05676	1,32095	1,58514	1,84933	2,11352	2,37771
0,38844	0,51792	0,64740	0,77688	0,90636	1,03584	1,16532

Gefunden.	Gesucht.	1.	2.
XLIII. Schwefel. S.			
28) Schwefelsilber	Unterschweflichte	0,38796	0,77592
$\quad$ Ag S	Säure 2S + 2O		
29) Jod	Schweflichte	0,25268	0,50536
$\quad$ J	Säure S + 2O		
30) Chlorsilber	Schweflichte	0,22351	0,44703
$\quad$ Ag Cl	Säure S + 2O		
31) Schwefelwasserstoff	Schwefel	0,94138	1,88276
$\quad$ H S	S		

Bemer-

Die Reihen 16, 18, 19, 20, 21 und 22 zeigen an, wie man aus einer gefundenen Menge von schwefelsaurer Baryterde die Mengen der unterschweflichten Säure, der Pentathionsäure, der Tetrathionsäure, der Trithionsäure, der schweflichten Säure und Unterschwefelsäure in den Salzen derselben berechnen kann, wenn in ihnen durch rauchende Salpetersäure, oder durch Schmelzen mit salpetersaurem oder chlorsaurem Kali die Oxydationsstufe des Schwefels vollständig in Schwefelsäure verwandelt worden ist. (S. 493, 498, 487 u. 491.)

Die 17te Reihe dieser Tafel zeigt an, wie man die unterschweflichte Säure in einem unterschweflichtsauren Salze aus einer gefundenen Menge von schwefelsaurer Baryterde berechnen kann, wenn die Auflösung desselben durch eine Silberoxydlösung zersetzt, und dadurch die Hälfte des Schwefels der Säure in Schwefelsäure verwandelt worden ist, welche durch ein Baryterdesalz als schwefelsaure Baryterde gefällt worden ist. (S. 494.)

Durch die 28ste Reihe der Tafel erfährt man die Menge der

XLIV. Selen. Se.			
1) Selenichte Säure	Selen	0,71235	1,42470
$\quad$ Se O²	Se		
2) Selenichte Säure	Sauerstoff	0,28765	0,57530
$\quad$ Se O²	O²		

3.	4.	5.	6.	7.	8.	9.
1,16388	1,55184	1,93980	2,32776	2,71572	3,10368	3,49164
0,75804	1,01072	1,26340	1,51608	1,76876	2,02144	2,27412
0,67054	0,89406	1,11757	1,34109	1,56460	1,78812	2,01163
2,82414	3,76552	4,70690	5,64828	6,58966	7,53104	8,47242

k u n g e n.

unterschweflichten Säure in einem unterschweflichtsauren Salze aus einer gefundenen Menge von Schwefelsilber, wenn die Auflösung desselben durch eine Silberoxydauflösung zersetzt worden ist.

Wird die schweflichte Säure im freien Zustande oder in der Auflösung ihrer Salze nach der von Fordos und Gélis angegebenen Methode vermittelst Jod bestimmt (S. 488), so findet man aus der 29sten Reihe der Tafel, wie viel schweflichter Säure eine angewandte Menge von Jod entspricht, die dazu erforderlich war, um die schweflichte Säure in Schwefelsäure zu verwandeln.

Wird die Menge der schweflichten Säure auf die Weise bestimmt, dass man sie durch Chlorgas in Schwefelsäure verwandelt und aus der Menge des hierzu erforderlichen Chlors auf die der schweflichten Säure schliesst (S. 489), so findet man in der 30sten Reihe dieser Tafel aus der gefundenen Menge des Chlorsilbers die der schweflichten Säure.

2,13705	2,84940	3,56175	4,27410	4,98645	5,69880	6,41115
0,86295	1,15060	1,43825	1,72590	2,01355	2,30120	2,58885

Gefunden.	Gesucht.	1.	2.
XLIV. Selen. Se.			
3) Selensäure Se O³	Selen Se	0,62278	1,24556
4) Selensäure Se O³	Sauerstoff O³	0,37722	0,75444
5) Selen Se	Selenichte Säure Se O²	1,40381	2,80762
6) Selen Se	Selensäure Se O³	1,60571	3,21142
7) Selensaure Baryterde Ba O + Se O³	Selensäure Se O³	0,45391	0,90783
8) Selensaure Baryterde Ba O + Se O³	Selenichte Säure Se O²	0,39684	0,79368
XLV. Silber. Ag.			
1) Silberoxyd Ag O	Silber Ag	0,93102	1,86204
2) Silberoxyd Ag O	Sauerstoff O	0,06898	0,13796
3) Chlorsilber Ag Cl	Silberoxyd Ag O	0,80854	1,61708
4) Chlorsilber Ag Cl	Silber Ag	0,75276	1,50552
5) Cyansilber Ag Cy (N C)	Silberoxyd Ag O	0,86561	1,73122
6) Cyansilber Ag Cy	Silber Ag	0,80590	1,61180
7) Schwefelsilber Ag S	Silberoxyd Ag O	0,93502	1,87004

3.	4.	5.	6.	7.	8.	9.
1,86834	2,49112	3,11390	3,73668	4,35946	4,98224	5,60502
1,13166	1,50888	1,88610	2,26332	2,64054	3,01776	3,39498
4,21143	5,61524	7,01905	8,42286	9,82667	11,23048	12,63429
4,81713	6,42284	8,02855	9,63426	11,23997	12,84568	14,45139
1,36174	1,81566	2,26957	2,72349	3,17740	3,63132	4,08523
1,19052	1,58736	1,98420	2,38104	2,77788	3,17472	3,57156
2,79306	3,72408	4,65510	5,58612	6,51714	7,44816	8,37918
0,20694	0,27592	0,34490	0,41388	0,48286	0,55184	0,62082
2,42562	3,23416	4,04270	4,85124	5,65978	6,46832	7,27686
2,25828	3,01104	3,76380	4,51656	5,26932	6,02208	6,77484
2,59683	3,46244	4,32805	5,19366	6,05927	6,92488	7,79049
2,41770	3,22360	4,02950	4,83540	5,64130	6,44720	7,25310
2,80506	3,74008	4,67510	5,61012	6,54514	7,48016	8,41518

Gefunden.	Gesucht.	1.	2.
XLV. Silber. Ag.			
8) Schwefelsilber	Silber	0,87052	1,74104
Ag S	Ag		
9) Silber	Silberoxyd	1,07409	2,14818
Ag	Ag O		
10) Silber	Chlorsilber	1,32844	2,65688
Ag	Ag Cl		
XLVI. Stickstoff. N.			
1) Stickstoffoxydul	Stickstoff	0,63644	1,27288
N O	N		
2) Stickstoffoxydul	Sauerstoff	0,36356	0,72712
N O	O		
3) Stickstoffoxyd	Stickstoff	0,46675	0,93350
N O^2	N		
4) Stickstoffoxyd	Sauerstoff	0,53325	1,06650
N O^2	O^2		
5) Salpetrichte Säure	Stickstoff	0,36850	0,73700
N O^3	N		
6) Salpetrichte Säure	Sauerstoff	0,63150	1,26300
N O^3	O^3		
7) Salpetersäure	Stickstoff	0,25933	0,51866
N O^5	N		
8) Salpetersäure	Sauerstoff	0,74067	1,48134
N O^5	O^5		
9) Ammoniumplatinchlorid	Stickstoff	0,06281	0,12562
Pt Cl^2 + N H^4 Cl	N		
10) Platin	Stickstoff	0,14208	0,28417
Pt	N		

3.	4.	5.	6.	7.	8.	9.
2,61156	3,48208	4,35260	5,22312	6,09364	6,96416	7,83468
3,22227	4,29636	5,37045	6,44454	7,51863	8,59272	9,66681
3,98532	1,31376	6,64220	7,97064	9,29908	10,62752	11,95596
1,90932	2,54576	3,18220	3,81864	4,45508	5,09152	5,72796
1,09068	1,45424	1,81780	2,18136	2,54492	2,90848	3,27204
1,40025	1,86700	2,33375	2,80050	3,26725	3,73400	4,20075
1,59975	2,13300	2,66625	8,19950	3,73275	4,26600	4,79925
1,10550	1,47400	1,84250	2,21100	2,57950	2,94800	3,31650
1,89450	2,52600	3,15750	3,78900	4,42050	5,05200	5,68350
0,77799	1,03732	1,29665	1,55598	1,81531	2,07464	2,33397
2,22201	2,96268	3,70835	4,44402	5,18469	5,92536	6,66603
0,18843	0,25124	0,31405	0,37686	0,43967	0,50248	0,56529
0,42625	0,56834	0,71047	0,85251	0,99459	1,13668	1,27876

6

Gefunden.	Gesucht.	**1.**	**2.**
XLVI. Stickstoff. N.			
11) Salpetersäure NO^5	Salpetrichte Säure NO^3	0,70373	1,40746
13) Salpeters. Baryterde $BaO + NO^5$	Salpetersäure NO^5	0,41368	0,82736
14) Salpeters. Baryterde $BaO + NO^5$	Salpetrichte Säure NO^3	0,29112	0,58224
15) Schwefels. Baryterde $BaO + SO^3$	Salpetersäure NO^5	0,46316	0,92632
16) Schwefels. Baryterde $BaO + SO^3$	Salpetrichte Säure NO^3	0,32594	0,65188
17) Kohlensäure $2CO^2$	Salpetersäure NO^5	1,22738	2,45476
18) Kupfer $6Cu$	Salpetersäure NO^5	0,28440	0,56880
19) Stickstoff und Kohlensäure $4N + 2CO^2$	Salpetrichte Säure $2NO^3$	0,75995	1,51990
20) Cyan NC	Stickstoff N	0,53855	1,07710
21) Cyan NC	Kohle C	0,46145	0,92290
22) Stickstoff N	Cyan NC	1,85685	3,71370
23) Cyansilber $AgNC$	Cyan NC	0,19410	0,38820
24) Cyansilber $AgNC$	Cyanwasserstoff NCH	0,20156	0,40312

B e m e r -

Die 9te und 10te Reihe dieser Tafel zeigen, wie man aus der gefundenen Menge des Ammoniumplatinchlorids oder des metallischen Pla-

3.	4.	5.	6.	7.	8.	9.
2,11119	2,81492	3,51865	4,22238	4,92611	5,62984	6,33357
1,24104	1,65472	2,06840	2,48208	2,89576	3,30944	3,72312
0,87336	1,16448	1,45560	1,74672	2,03784	2,32896	2,62008
1,38948	1,85264	2,31580	2,77896	3,24212	3,70528	4,16844
0,97782	1,30376	1,62970	1,95564	2,28158	2,60752	2,93346
3,68214	4,90952	6,13690	7,36428	8,59166	9,81904	11,04642
0,85320	1,13760	1,42200	1,70640	1,99080	2,27520	2,55960
2,27985	3,03980	3,79975	4,55970	5,31965	6,07960	6,83955
1,61565	2,15420	2,69275	3,23130	3,76985	4,30840	4,84695
1,38435	1,84580	2,30725	2,76870	3,23015	3,69160	4,15305
5,57055	7,42740	9,28425	11,14110	12,99795	14,85480	16,71165
0,58230	0,77640	0,97050	1,16460	1,35870	1,55280	1,74690
0,60468	0,80624	1,00780	1,20936	1,41092	1,61248	1,81404

k u n g e n.

tins die des Stickstoffs findet, wenn dieser nach der Methode von Var-
rentrapp und Will bestimmt wird (S. 822). Aus der 15ten Reihe der

6*

Tafel findet man die Menge der Salpetersäure in einer Lösung, wenn
der erhaltene salpetersaure Baryt vermittelst Schwefelsäure zersetzt worden ist (S. 837). Auf gleiche Weise erfährt man aus der 16ten Reihe
der Tafel durch die gefundene Menge der schwefelsauren Baryterde die
der salpetrichten Säure (S. 850).

Die 17te Reihe der Tafel zeigt, wie aus der Menge der entwickel-
ten und aus dem Verlust bestimmten Kohlensäure die Menge der Salpetersäure gefunden werden kann, wennn diese Bestimmung nach F r e s e-
n i u s' Angabe (S. 838) geschieht.

In der 18ten Reihe der Tafel findet man aus der Menge des aufgelösten Kupfers die der Salpetersäure, wenn diese in der Lösung ihrer

Gefunden.	Gesucht.	1.	2.
XLVII. Strontium. Sr.			
1) Strontianerde SrO	Strontium Sr	0,84518	1,69036
2) Strontianerde SrO	Sauerstoff O	0,15482	0,30964
3) Schwefels. Strontianerde $SrO + SO^3$	Strontianerde SrO	0,56330	1,12660
4) Kohlens. Strontianerde $SrO + CO^2$	Strontianerde SrO	0,70139	1,40278
5) Salpeters. Strontianerde $SrO + NO^5$	Strontianerde SrO	0,48897	0,97794
6) Chlorstrontium $SrCl$	Strontianerde SrO	0,65297	1,30595
7) Chlorstrontium $SrCl$	Strontium Sr	0,55188	1,10376
XLVIII. Tantal. Ta.			
1) Tantalsäure TaO^3	Tantal Ta		
2) Tantalsäure TaO^3	Sauerstoff O^3		

Salze mit Chlorwasserstoffsäure versetzt und mit metallischem Kupfer behandelt wird (S. 846).

Die salpetrichte Säure kann, nach Schwarz, (S. 999) ihrer Menge nach bestimmt werden, wenn das Salz derselben mit Harnstoff und Schwefelsäure in einem der Apparate behandelt wird, welche zur Bestimmung der Kohlensäure dienen. Es entwickelt sich hierbei ein nach bestimmten Verhältnissen zusammengesetztes Gemenge von Kohlensäuregas und Stickstoffgas. Die 19te Reihe dieser Tafel zeigt, wie man aus dem gefundenen Gewichtsverluste des Apparates die Menge der in einer Verbindung enthaltenen salpetrichten Säure berechnet.

3.	4.	5.	6.	7.	8.	9.
2,53554	3,38072	4,22590	5,07108	5,91626	6,76144	7,60662
0,46446	0,61928	0,77410	0,92892	1,08374	1,23856	1,39338
1,68990	2,25320	2,81650	3,37980	3,94310	4,50640	5,06970
2,10417	2,80556	3,50695	4,20834	4,90973	5,61112	6,31251
1,46691	1,95588	2,44485	2,93382	3,42279	3,91176	4,40073
1,95892	2,61190	3,26487	3,91785	4,57082	5,22380	5,87677
1,65564	2,20752	2,75940	3,31128	3,86316	4,41504	4,96692

Gefunden.	Gesucht.	**1.**	**2.**
XLIX. Tellur. Te.			
1) Tellurichte Säure TeO^2	Tellur Te	0,80035	1,60070
2) Tellurichte Säure TeO^2	Sauerstoff O^2	0,19965	0,39930
3) Tellursäure TeO^3	Tellur Te	0,72771	1,45542
4) Tellursäure TeO^3	Sauerstoff O^3	0,27229	0,54458
5) Tellur Te	Tellurichte Säure TeO^2	1,24945	2,49890
6) Tellur Te	Tellursäure TeO^3	1,37418	2,74836
7) Schwefeltellur TeS^2	Tellur Te	0,66632	1,33264
8) Schwefeltellur TeS^2	Tellurichte Säure TeO^2	0,83254	1,66508
9) Tellursaures Silberoxyd (basisch) $3AgO + TeO^3$	Tellursäure TeO^3	0,20213	0,40426
L. Terbium. Tb.			
1) Terbinerde TbO	Terbium Tb		
2) Terbinerde TbO	Sauerstoff O		
LI. Thorium. Th.			
1) Thorerde ThO	Thorium Th	0,88150	1,76300
2) Thorerde ThO	Sauerstoff O	0,11850	0,23700

3.	4.	5.	6.	7.	8.	9.
2,40105	3,20140	4,00175	4,80210	5,60245	6,40280	7,20315
0,59895	0,79860	0,99825	1,19790	1,39755	1,59720	1,79685
2,18313	2,91084	3,63855	4,36626	5,09397	5,82168	6,54939
0,81687	1,08916	1,36145	1,63874	1,90603	2,17832	2,45061
3,74835	4,99780	6,24725	7,49670	8,74615	9,99560	11,24505
4,12254	5,49672	6,87090	8,24508	9,61926	10,99344	12,36762
1,99896	2,66528	3,33160	3,99792	4,66424	5,33056	5,99688
2,49762	3,33016	4,16270	4,99524	5,82778	6,66032	7,49286
0,60639	0,80852	1,01065	1,21278	1,41491	1,61704	1,81917
2,64450	3,52600	4,40750	5,28900	6,17050	7,05200	7,93350
0,35550	0,47400	0,59250	0,71100	0,82950	0,94800	1,06650

Gefunden.	Gesucht.	**1.**	**2.**
LII. Titan. Ti.			
1) Titanoxyd	Titan	0,66781	1,33562
$\quad$ TiO^3	Ti		
2) Titanoxyd	Sauerstoff	0,33219	0,66438
$\quad$ TiO^3	O^3		
3) Titansäure	Titan	0,60124	1,20248
$\quad$ TiO^2	Ti		
4) Titansäure	Sauerstoff	0,39876	0,79752
$\quad$ TiO^2	O^2		
LIII. Uran. U.			
1) Uranoxydul	Uran	0,88136	1,76272
$\quad$ UO	U		
2) Uranoxydul	Sauerstoff	0,11864	0,23728
$\quad$ UO	O		
3) Uranoxyd	Uran	0,83200	1,66400
$\quad$ ŬO^3	Ŭ		
4) Uranoxyd	Sauerstoff	0,16800	0,33600
$\quad$ ŬO^3	O^3		
5) Uranoxydul-Oxyd	Uran	0,84783	1,69566
$\quad$ UO + ŬO^3	3 U		
6) Uranoxydul-Oxyd	Sauerstoff	0,15217	0,30434
$\quad$ UO + ŬO^3	O^4		
7) Uranoxydul	Uranoxyd	1,05932	2,11864
$\quad$ UO	$^1/_2$ ŬO^3		
8) Uranoxydul	Uranoxydul-Oxyd	1,03955	2,07910
$\quad$ UO	$^1/_3$ (UO + ŬO^3)		
9) Uranoxydul-Oxyd	Uranoxydul	0,96196	1,92392
$\quad$ UO + ŬO^3	3 UO		
10) Uranoxydul-Oxyd	Uranoxyd	1,01902	2,03804
$\quad$ UO + ŬO^3	$1^1/_2$ ŬO^3		

3.	4.	5.	6.	7.	8.	9.
2,00343	2,67124	3,33905	4,00686	4,67467	5,34248	6,01029
0,99657	1,32876	1,66095	1,99314	2,32533	2,65752	2,98971
1,80372	2,40496	3,00620	3,60744	4,20868	4,80992	5,41116
1,19628	1,59504	1,99380	2,39256	2,79132	3,19008	3,58884
2,64408	3,52544	4,40680	5,28816	6,16952	7,05088	7,93224
0,35592	0,47456	0,59320	0,71184	0,83048	0,94912	1,06776
2,49600	3,32800	4,16000	4,99200	5,82400	6,65600	7,48800
0,50400	0,67200	0,84000	1,00800	1,17600	1,34400	1,51200
2,54349	3,39132	4,23915	5,08698	5,93481	6,78264	7,63047
0,45651	0,60868	0,76085	0,91302	1,06519	1,21736	1,36953
3,17796	4,23728	5,29660	6,35592	7,41524	8,47456	9,53388
3,11865	4,15820	5,19775	6,23730	7,27685	8,31640	9,35595
2,88588	3,84784	4,80980	5,77176	6,73372	7,69568	8,65764
3,05706	4,07608	5,09510	6,11412	7,13314	8,15216	9,17118

Gefunden.	Gesucht.	1.	2.
LIV. Vanadin. V.			
1) Vanadinsuboxyd V O	Vanadin V	0,89550	1,79099
2) Vanadinsuboxyd V O	Sauerstoff O	0,10450	0,20901
3) Vanadinoxyd V O^2	Vanadin V	0,81077	1,62154
4) Vanadinoxyd V O^2	Sauerstoff O^2	0,18923	0,37846
5) Vanadinsäuré V O^3	Vanadin V	0,74068	1,48136
6) Vanadinsäure V O^3	Sauerstoff O^3	0,25932	0,51864
7) Vanadinsuboxyd V O	Vanadinoxyd V O^2	1,10450	2,20901
8) Vanadinsuboxyd V O	Vanadinsäure V O^3	1,20901	2,41802
LV. Wasserstoff. H.			
1) Wasser H O	Wasserstoff H	0,11111	0,22222
2) Wasser H O	Sauerstoff O	0,88889	1,77778
3) Chlorwasserstoff H Cl	Wasserstoff H	0,02742	0,05485
4) Bromwasserstoff H Br	Wasserstoff H	0,01235	0,02470
5) Jodwasserstoff H I	Wasserstoff H	0,00782	0,01564

3.	4.	5.	6.	7.	8.	9.
2,68648	3,58198	4,47747	5,37297	6,26846	7,16396	8,05945
0,31352	0,41802	0,52253	0,62703	0,73154	0,83604	0,94055
2,43231	3,24308	4,05385	4,86462	5,67539	6,48616	7,29693
0,56769	0,75692	0,94615	1,13538	1,32461	1,51384	1,70307
2,22204	2,96272	3,70340	4,44408	5,18476	5,92544	6,66612
0,77796	1,03728	1,29660	1,55592	1,81524	2,07456	2,33388
3,31351	4,41802	5,52252	6,62703	7,73153	8,83604	9,94054
3,62703	4,83604	6,04505	7,25406	8,46307	9,67208	10,88109
0,33333	0,44444	0,55555	0,66667	0,77778	0,88889	1,00000
2,66667	3,55556	4,44445	5,33333	6,22222	7,11111	8,00000
0,08227	0,10970	0,13712	0,16455	0,19197	0,21940	0,24682
0,03705	0,04940	0,06175	0,07410	0,08645	0,09880	0,11115
0,02346	0,03128	0,03910	0,04692	0,05474	0,06256	0,07038

Gefunden.	Gesucht.	1.	2.
LV. Wasserstoff. H.			
6) Fluorwasserstoff HF	Wasserstoff H	0,05042	0,10084
7) Cyanwasserstoff $H + NC$	Wasserstoff H	0,03703	0,07406
8) Schwefelwasserstoff HS	Wasserstoff H	0,05862	0,11724
9) Selenwasserstoff HSe	Wasserstoff H	0,02462	0,04924
10) Tellurwasserstoff HTe	Wasserstoff H	0,01535	0,03070
11) Ammoniak H^3N	Wasserstoff H^3	0,17642	0,35284
12) Ammonium H^4N	Wasserstoff H^4	0,22216	0,44432
13) Chlorammonium NH^4Cl	Ammoniak NH^3	0,31804	0,63608
14) Chlorammonium NH^4Cl	Ammonium NH^4	0,33674	0,67348
15) Ammoniumplatinchlorid $PtCl^2 + NH^4Cl$	Ammoniak NH^3	0,07627	0,15254
16) Ammoniumplatinchlorid $PtCl^2 + NH^4Cl$	Ammonium NH^4	0,08075	0,16150
17) Ammoniumplatinchlorid $PtCl^2 + NH^4Cl$	Ammoniumoxyd NH^4O	0,11663	0,23327
18) Platin Pt	Ammoniak NH^3	0,17252	0,34504
19) Platin Pt	Ammonium NH^4	0,18267	0,36534

3.	4.	5.	6.	7.	8.	9.
0,15126	0,20168	0,25210	0,30252	0,35294	0,40336	0,45378
0,11109	0,14812	0,18515	0,22218	0,25921	0,29624	0,33327
0,17586	0,23448	0,29310	0,35172	0,41034	0,46896	0,52758
0,07386	0,09848	0,12310	0,14772	0,17234	0,19696	0,22158
0,04605	0,06140	0,07675	0,09210	0,10745	0,12280	0,13815
0,52926	0,70568	0,88210	1,05852	1,23494	1,41136	1,58778
0,66648	0,88864	1,11080	1,33296	1,55512	1,77728	1,99944
0,95412	1,27216	1,59020	1,90824	2,22628	2,54432	2,86236
1,01022	1,34696	1,68370	2,02044	2,35718	2,69392	3,03066
0,22881	0,30508	0,38135	0,45762	0,53389	0,61016	0,68643
0,24225	0,32300	0,40375	0,48450	0,56525	0,64600	0,72675
0,34990	0,46654	0,58317	0,69981	0,81644	0,93308	1,04971
0,51756	0,69008	0,86260	1,03512	1,20764	1,38016	1,55268
0,54801	0,73068	0,91335	1,09602	1,27869	1,46136	1,64403

Gefunden.	Gesucht.	**1.**	**2.**

LV. Wasserstoff. H.

Gefunden.	Gesucht.	1.	2.
20) Platin Pt	Ammoniumoxyd NH^4O	0,26383	0,52766
21) Phosphorwasserstoff H^3P	Wasserstoff H^3	0,08730	0,17460
22) Arsenikwasserstoff H^3As	Wasserstoff H^3	0,03846	0,07692
23) Kohlenwasserstoff (Sumpf- gas) H^2C	Wasserstoff H^2	0,25000	0,50000
24) Kohlenwasserstoff (ölbil- dendes Gas) HC	Wasserstoff H	0,14286	0,28572

LVI. Wismuth. Bi.

Gefunden.	Gesucht.	1.	2.
1) Wismuthoxyd BiO^3	Wismuth Bi	0,89655	1,79310
2) Wismuthoxyd BiO^3	Sauerstoff O^3	0,10345	0,20690
3) Wismuthsäure BiO^5	Wismuth Bi	0,83871	1,67742
4) Wismuthsäure BiO^5	Sauerstoff O^5	0,16129	0,32258
5) Wismuthoxyd BiO^3	Wismuthsäure BiO^5	1,06897	2,13794

LVII. Wolfram. W.

Gefunden.	Gesucht.	1.	2.
1) Wolframoxyd WO^2	Wolfram W	0,85194	1,70388
2) Wolframoxyd WO^2	Sauerstoff O^2	0,14806	0,29612

3.	4.	5.	6.	7.	8.	9.
0,79149	1,05532	1,31915	1,58298	1,84681	2,11064	2,37447
0,26190	0,34920	0,43650	0,52380	0,61110	0,69840	0,78570
0,11538	0,15384	0,19230	0,23076	0,26922	0,30768	0,34614
0,75000	1,00000	1,25000	1,50000	1,75000	2,00000	2,25000
0,42858	0,57144	0,71430	0,85716	1,00002	1,14288	1,28574
2,68965	3,58620	4,48275	5,37930	6,27585	7,17240	8,06895
0,31035	0,41380	0,51725	0,62070	0,72415	0,82760	0,93105
2,51613	3,35484	4,19355	5,03226	5,87097	6,70968	7,54839
0,48387	0,64516	0,80645	0,96774	1,12903	1,29032	1,45161
3,20691	4,27588	5,34485	6,41382	7,48279	8,55176	9,62073
2,55582	3,40776	4,25970	5,11164	5,96358	6,81552	7,66746
0,44418	0,59224	0,74030	0,88836	1,03642	1,18448	1,33254

Gefunden.	Gesucht.	1.	2.
LVII. Wolfram. W.			
3) Wolframsäure WO^3	Wolfram W	0,79322	1,58644
4) Wolframsäure WO^3	Sauerstoff O^3	0,20678	0,41356
5) Wolframsäure WO^3	Wolframoxyd WO^2	0,93107	1,86214
LVIII. Yttrium. Y.			
1) Yttererde YO	Yttrium Y		
2) Yttererde YO	Sauerstoff O		
LIX. Zink. Zn.			
1) Zinkoxyd ZnO	Zink Zn	0,80260	1,60520
2) Zinkoxyd ZnO	Sauerstoff O	0,19740	0,39480
LX. Zinn. Sn.			
1) Zinnoxydul SnO	Zinn Sn	0,88028	1,76056
Zinnoxydul SnO	Sauerstoff. O	0,11972	0,23944
Zinnoxyd SnO^2	Zinn Sn	0,78616	1,57232

3.	4.	5.	6.	7.	8.	9
2,37966	3,17288	3,96610	4,75932	5,55254	6,34576	7,13898
0,62034	0,82712	1,03390	1,24068	1,44746	1,65424	1,86102
2,79321	3,72428	4,65535	5,58642	6,51749	7,44856	8,37963
2,40780	3,21040	4,01300	4,81560	5,61820	6,42080	7,22340
0,59220	0,78960	0,98700	1,18440	1,38180	1,57920	1,77660
2,64084	3,52112	4,40140	5,28168	6,16196	7,04224	7,92252
0,35916	0,47888	0,59860	0,71832	0,83804	0,95776	1,07748
2,35848	3,14464	3,93080	4,71696	5,50312	6,28928	7,07544

Gefunden.	Gesucht.	1.	2.
LX. Zinn. Sn.			
4) Zinnoxyd SnO^2	*Sauerstoff O^2	0,21384	0,42768
5) Zinnoxyd SnO^2	Zinnoxydul SnO	0,89808	1,78616
6) Schwefelzinn SnS^2	Zinn Sn	0,64681	1,29362
7) Schwefelzinn SnS^2	Zinnoxydul SnO	0,73478	1,46956
8) Schwefelzinn SnS^2	Zinnoxyd SnO^2	0,82275	1,64550
9) Quecksilberchlorür $HgCl$	Zinnoxydul SnO	0,28355	0,56710
10) Quecksilberchlorür $HgCl$	Zinnchlorür $SnCl$	0,40008	0,80016

B e m e r

Die Reihen 9 und 10 dieser Tafel beziehen sich auf das, was S. 292 über die Bestimmung des Zinnoxyduls und des Zinnchlorürs, wenn diese mit Zinnoxyd und mit Zinnchlorid vorkommen, gesagt

LXI. Zirkonium. Zr.			
1) Zirkonerde ZrO^3	Zirkonium Zr	0,73672	1,47844
2) Zirconerde ZrO^3	Sauerstoff O^3	0,26328	0,52656

3.	4.	5.	6.	7.	8.	9.
0,64152	0,85536	1,06920	1,28304	1,49688	1,71072	1,92456
2,67924	3,57232	4,46540	5,85848	6,25156	7,14464	8,03772
1,94043	2,58724	3,23405	3,88086	4,52767	5,17448	5,82129
2,20434	2,93912	3,67390	4,40868	5,14346	5,87824	6,61302
2,46825	3,29100	4,11375	4,93650	5,75925	6,58200	7,40475
0,85065	1,13420	1,41775	1,70130	1,98485	2,26840	2,55195
1,20024	1,60032	2,00040	2,40048	2,80056	3,20064	3,60072

k u n g e n.

worden ist. Aus der erhaltenen Menge von Quecksilberchlorür kann man hiernach die Menge des Zinnoxyduls und Zinnchlorürs berechnen.

2,21016	2,94688	3,68360	4,42032	5,15704	5,89376	6,63048
0,78984	1,05312	1,31640	1,57968	1,84296	2,10624	2,36952

Multipla der Atome der bei den organischen Analysen
vorkommenden Elemente und des Wassers.

Sauerstoff. O.					
O.	Atomgew.	Logarithmen.	O.	Atomgew.	Logarithmen.
1	100	0000000	26	2600	4149733
2	200	3010300	27	2700	4313638
3	300	4771213	28	2800	4471580
4	400	6020600	29	2900	4628980
5	500	6989700	30	3000	4771213
6	600	7781513	31	3100	4913617
7	700	8450980	32	3200	5051500
8	800	9030900	33	3300	5185139
9	900	9542425	34	3400	5314789
10	1000	0000000	35	3500	5440680
11	1100	0413927	36	3600	5563025
12	1200	0791812	37	3700	5682017
13	1300	1139434	38	3800	5797836
14	1400	1461280	39	3900	5910646
15	1500	1760913	40	4000	6020600
16	1600	2041200	41	4100	6127839
17	1700	2304489	42	4200	6232493
18	1800	2552725	43	4300	6334685
19	1900	2787536	44	4400	6434527
20	2000	3010300	45	4500	6532125
21	2100	3222193	46	4600	6627578
22	2200	3424227	47	4700	6720979
23	2300	3617278	48	4800	6812412
24	2400	3802112	49	4900	6901961
25	2500	3979400	50	5000	6989700

Wasserstoff. H.					
H.	Atomgew.	Logarithmen.	H.	Atomgew.	Logarithmen.
1	12,5	0969100	30	375,0	5740313
2	25,0	3979400	31	387,5	5882717
3	37,5	5740313	32	400,0	6020600
4	50,0	6989700	33	412,5	6154240
5	62,5	7958800	34	425,0	6283889
6	75,0	8750613	35	437,5	6409781
7	87,5	9420081	36	450,0	6532125
8	100,0	0000000	37	462,5	6651117
9	112,5	0511525	38	475,0	6766936
10	125,0	0969100	39	487,5	6879746
11	137,5	1383027	40	500,0	6989700
12	150,0	1760913	41	512,5	7096939
13	162,5	2108534	42	525,0	7201593
14	175,0	2430380	43	537,5	7303785
15	187,5	2730013	44	550,0	7403627
16	200,0	3010300	45	562,5	7501225
17	212,5	3273589	46	575,0	7596678
18	225,0	3521825	47	587,5	7690079
19	237,5	3756636	48	600,0	7781513
20	250,0	3979400	49	612,5	7871061
21	262,5	4191293	50	625,0	7958800
22	275,0	4393327	51	637,5	8044802
23	287,5	4586378	52	650,0	8129134
24	300,0	4771213	53	662,5	8211859
25	312,5	4948500	54	675,0	8293038
26	325,0	5118834	55	687,5	8372727
27	337,5	5282738	56	700,0	8450980
28	350,0	5440680	57	712,5	8527849
29	362,5	5593080	58	725,0	8603380

Wasserstoff. H.						
H.	Atomgew.	Logarithmen.	**H.**	Atomgew.	Logarithmen.
59	737,5	8677620	80	1000,0	0000000
60	750,0	8750613	81	1012,5	0053950
61	762,5	8822398	82	1025,0	0107239
62	775,0	8893017	83	1037,5	0159881
63	787,5	8962506	84	1050,0	0211893
64	800,0	9030900	85	1062,5	0263289
65	812,5	9098234	86	1075,0	0314085
·66	825,0	9164539	87	1087,5	0364293
67	837,5	9229848	88	1100,0	0413927
68	850,0	9294189	89	1112,5	0463000
69	862,5	9357591	90	1125,0	0511525
70	875,0	9420081	91	1137,5	0559514
71	887,5	9481684	92	1150,0	0606978
72	900,0	9542425	93	1162,5	0653930
73	912,5	9602329	94	1175,0	0700379
74	925,0	9661417	95	1187,5	0746336
75	937,5	9719713	96	1200,0	0791812
76	950,0	9777236	97	1212,5	0836817
77	962,5	9834007	98	1225,0	0881361
78	975,0	9890046	99	1237,5	0925452
79	987,5	9945371	100	1250,0	0969100

Kohlenstoff. C.						
C.	Atomgew.	Logarithmen.	**C.**	Atomgew.	Logarithmen.
1	75	8750613	4	300	4771213
2	150	1760913	5	375	5740313
3	225	3521825	6	450	6532125

Kohlenstoff. C.					
C.	Atomgew.	Logarithmen.	C.	Atomgew.	Logarithmen.
7	525	7201593	36	2700	4313638
8	600	7781513	37	2775	4432630
9	675	8293038	38	2850	4548449
10	750	8750613	39	2925	4661259
11	825	9164539	40	3000	4771213
12	900	9542425	41	3075	4878451
13	975	9890046	42	3150	4983106
14	1050	0211893	43	3225	5085297
15	1125	0511525	44	3300	5185139
16	1200	0791812	45	3375	5282738
17	1275	1055102	46	3450	5378191
18	1350	1303838	47	3525	5471591
19	1425	1538149	48	3600	5563025
20	1500	1760913	49	3675	5652573
21	1575	1972806	50	3750	5740313
22	1650	2174839	51	3825	5826814
23	1725	2367891	52	3900	5910646
24	1800	2552725	53	3975	5993371
25	1875	2730013	54	4050	6074550
26	1950	2900346	55	4125	6154240
27	2025	3064250	56	4200	6232493
28	2100	3222193	57	4275	6309361
29	2175	3374593	58	4350	6384893
30	2250	3521825	59	4425	6459133
31	2325	3664230	60	4500	6532125
32	2400	3802112	61	4575	6603911
33	2475	3935752	62	4650	6674530
34	2550	4065402	63	4725	6744018
35	2625	4191293	64	4800	6812412

Kohlenstoff. C.

C.	Atomgew.	Logarithmen.	C.	Atomgew.	Logarithmen.
65	4875	6879746	73	5475	7383841
66	4950	6946052	74	5550	7442930
67	5025	7011361	75	5625	7501225
68	5100	7075702	76	5700	7558749
69	5175	7139104	77	5775	7615520
70	5250	7201593	78	·5850	7671559
71	5325	7263196	79	5925	7726884
72	5400	7323938	80	6000	7781513

Stickstoff. N.

N.	Atomgew.	Logarithmen.	N.	Atomgew.	Logarithmen.
1	175,06	2431869	11	1925,66	2845797
2	350,12	5442169	12	2100,72	3223681
3	525,18	7203082	13	2275,78	3571303
4	700,24	8452469	14	2450,84	3893150
5	875,30	9421569	15	2625,90	4192782
6	1050,36	0213382	16	2800,96	4473069
7	1225,42	0882850	17	2976,02	4736358
8	1400,48	1462769	18	3151,08	4984594
9	1575,54	1974294	19	3326,14	5219405
10	1750,60	2431869	20	3501,20	5442169

Schwefel. S.

S.	Atomgew.	Logarithmen.	S.	Atomgew.	Logarithmen.
1	200,75	3026556	6	1204,50	0808068
2	401,50	6036855	7	1405,25	1477536
3	602,25	7797768	8	1606,00	2057455
4	803,00	9047155	9	1806,75	2568981
5	1003,75	0016255	10	2007,50	3026556

Chlor. Cl.

Cl.	Atomgew.	Logarithmen.	Cl.	Atomgew.	Logarithmen.
1	443,28	6466781	7	3102,96	4917762
2	886,56	9477081	8	3546,24	5497681
3	1329,84	1237994	9	3989,52	6009207
4	1773,12	2487381	10	4432,80	6466781
5	2216,40	3456481	11	4876,08	6880708
6	2659,68	4248293	12	5319,36	7258594

Brom. Br.

Br.	Atomgew.	Logarithmen.	Br.	Atomgew.	Logarithmen.
1	999,62	9998349	5	4998,10	6988049
2	1999,24	3008649	6	5997,72	7779862
3	2998,86	4769562	7	6997,34	8449930
4	3998,48	6018949	8	7996,96	9029249

Jod. J.

J.	Atomgew.	Logarithmen.	J.	Atomgew.	Logarithmen.
1	1585,992	2003010	5	7929,960	8992710
2	3171,984	5013310	6	9515,952	9784523
3	4757,976	6774222	7	11101,944	0453990
4	6343,968	8023609	8	12687,936	1033810

Phosphor. P.

P.	Atomgew.	Logarithmen.	P.	Atomgew.	Logarithmen.
1	392,041	5933315	3	1176,123	0704527
2	784,082	8943615	4	1568,164	1953915

Arsenik. As.

As.	Atomgew.	Logarithmen.	As.	Atomgew.	Logarithmen.
1	937,5	9719713	3	2812,5	4490925
2	1875,0	2730013	4	3750,0	5740313

Wasser. HO.

HO.	Atomgew.	Logarithmen.	HO.	Atomgew.	Logarithmen.
1	112,5	0511525	7	787,5	8962506
2	225,0	3521825	8	900,0	9542425
3	337,5	5282738	9	1012,5	0053950
4	450,0	6532125	10	1125,0	0511525
5	562,5	7501225	11	1237,5	0925452
6	675,0	8293038	12	1350,0	1303838

Wasser. $\dot{H}$O.					
$\dot{H}$O.	Atomgew.	Logarithmen.	$\dot{H}$O.	Atomgew.	Logarithmen.
13	1462,5	1650959	32	3600,0	5563025
14	1575,0	1972806	33	3712,5	5696665
15	1687,5	2272438	34	3825,0	5826314
16	1800,0	2552725	35	3937,5	5952206
17	1912,5	2816014	36	4050,0	6074550
18	2025,0	3064250	37	4162,5	6193542
19	2137,5	3299061	38	4275,0	6309361
20	2250,0	3521825	39	4387,5	6422172
21	2362,5	3733718	40	4500,0	6532125
22	2475,0	3935752	41	4612,5	6639364
23	2587,5	4128804	42	4725,0	6744018
24	2700,0	4313638	43	4837,5	6846210
25	2812,5	4490925	44	4950,0	6946052
26	2925,0	4661259	45	5062,5	7043650
27	3037,5	4825163	46	5175,0	7139104
28	3150,0	4983106	47	5287,5	7232504
29	3262,5	5135505	48	5400,0	7323938
30	3375,0	5282738	49	5512,5	7413486
31	3487,5	5425142	50	5625,0	7501225

Atomengewichte der häufiger vorkommenden Salze
und deren Logarithmen.

Namen.	Symbole.	Atom-gewichte.	Logarith-men.
Schwefelblei	PbS	1495,395	1747560
„ kupfer	CuS	991,950	9964898
„ „	CuS	596,350	7755012
„ silber	AgS	1550,410	1904466
„ quecksilber	HgS	2703,330	4318990
„ „	HgS	1452,040	1619786
„ zinn	SnS²	1136,794	0556817
„ antimon	SbS³	2215,153	3454037
„ arsenik	AsS³	1539,750	1874502
Chlorkalium	KCl	932,580	9696861
„ natrium	NaCl	733,009	8651093
„ ammonium	NH⁴Cl	668,340	8249975
„ calcium	CaCl	694,931	8419417
„ „	CaCl + 6HO	1369,931	1366987
„ baryum	BaCl	1300,050	1139601
„ „	BaCl + 2HO	1525,050	1832841
„ strontium	SrCl	989,209	9952881
„ „	SrCl + 6HO	1664,209	2212078
„ blei	PbCl	1737,925	2400310
„ silber	AgCl	1792,940	2535658
„ quecksilber (Calomel)	HgCl	2945,860	4692121
„ quecksilber (Sublimat)	HgCl	1694,570	2290595
Bromkalium	KBr	1488,920	1728713
„ silber	AgBr	2349,280	3709348
Jodkalium	KI	2075,292	3170792
„ silber	AgI	2935,652	4677046

Namen.	Symbole.	Atom- gewichte.	Logarith- men.
Fluorkalium	KF	724,735	8601792
„ natrium	NaF	525,164	7202949
„ calcium	CaF	487,086	6876056
Kohlensaures Kali	$KO + CO^2$	864,300	9366645
Zweifach „ „	$KO + 2CO^2 + HO$	1251,800	0975349
Kohlensaures Natron	$NaO + CO^2$	664,729	8226446
„ „	$NaO + CO^2 + 10HO$	1789,729	2527873
Zweif. kohlens. Natron	$NaO + 2CO^2 + HO$	1052,229	0221103
Kohlensaurer Kalk	$CaO + CO^2$	626,651	7970257
„ Strontian	$SrO + CO^2$	920,929	9642261
„ Baryt	$BaO + CO^2$	1231,770	0905297
Schwefelsaures Kali	$KO + SO^3$	1090,050	0374465
Zweifach „ „	$KO + 2SO^3 + HO$	1703,300	2312911
Schwefels. Natron	$NaO + SO^3$	890,479	9496237
„ „	$NaO + SO^3 + 10HO$	2015,479	3043783
„ Ammoniak	$NH^4O + SO^3$	825,810	9168801
„ Kalk	$CaO + SO^3$	852,401	9306439
„ Baryt	$BaO + SO^3$	1457,520	1636146
„ Strontian	$SrO + SO^3$	1146,679	0594418
„ Magnesia *)	$MgO + SO^3 + 7HO$	1538,440	1870806
„ Thonerde- Kali	$KO + SO^3 + AlO^3$ $+ 3SO^3 + 24HO$	5934,100	7733549
Schwefels. Thonerde- Ammoniak	$NH^4O + SO^3 + AlO^3$ $+ 3SO^3 + 24HO$	5669,860	7535723
Schwefels.Manganoxydul	$MnO + SO^3 + 7HO$	1732,934	2387820
„ Eisenoxydul	$FeO + SO^3 + 7HO$	1738,777	2402438
„ Zinkoxyd	$ZnO + SO^3 + 7HO$	1794,841	2540260
„ Kobaltoxyd	$CoO + SO^3 + 7HO$	1756,900	2447470
„ Nickeloxyd	$NiO + SO^3 + 7HO$	1757,580	2449151

*) Magnesia = 250,19.

Namen.	Symbole.	Atom-gewichte.	Logarith-men.
Schwefels. Cadmiumoxyd	$CdO + SO^3 + 4HO$	1747,517	2424214
„ Bleioxyd	$PbO + SO^3$	1895,395	2776997
„ Kupferoxyd	$CuO + SO^3 + 5HO$	1558,850	1928044
„ Queksilberoxyd	$HgO + SO^3$	1852,040	2676504
„ Quecksilber-oxydul	$HgO + SO^3$	3103,330	4918280
Salpeters. Kali	$KO + NO^5$	1264,360	1018707
„ Natron	$NaO + NO^5$	1064,789	0272636
„ Baryt	$BaO + NO^5$	1631,830	2126749
„ Strontian	$SrO + NO^5$	1320,989	1208992
„ Bleioxyd	$PbO + NO^5$	2069,705	3159084
„ Kupferoxyd	$CuO + NO^5 + 6HO$	1845,660	2661517
„ Silberoxyd	$AgO + NO^5$	2124,720	3273017
„ Quecksilber-oxydul	$HgO + NO^5 + 2HO$	3502,640	5443955
Salpeters. Quecksilber-oxyd	$2HgO + NO^5 + 2HO$	3602,640	5566208
Salpeters. „	$3HgO + NO^5 + HO$	4841,430	6849737
„ Wismuthoxyd	$BiO^3 + NO^5 + 9HO$	4587,510	6615770
Phosphors. Natron	$2NaO + PO^5 + 25HO$	4484,000	6516656
„ „	$2NaO + PO^5 + HO$	1784,000	2513949
Pyrophosphors. Natron	$2NaO + PO^5 + 10HO$	2796,500	4466148
„ „	$2NaO + PO^5$	1671,500	2231064
Phosphors. Kalkerde	$2CaO + PO^5$	1595,343	2028541
„ „	$2CaO + PO^5 + 4HO$	2045,343	3107661
Chlorsaures Kali	$KO + ClO^5$	1532,580	1854231
Chromsaures Kali	$KO + CrO^3$	1224,391	0879200
Zweifach „ „	$KO + 2CrO^3$	1859,482	2693920
Chromsaures Bleioxyd	$PbO + CrO^3$	2029,736	3074896
Borsaures Natron	$NaO + 2BO^3 + 10HO$	2387,187	3778774
„ „	$NaO + 2BO^3$	1262,137	1011065

Namen.	Symbole.	Atom-gewichte.	Logarith-men.
Oxalsaures Kali	$KO + CO^3 + HO$	1151,800	0613771
Saures „ „	$KO + 2CO^3 + 3HO$	1826,800	2616910
Oxalsaurer Kalk	$CaO + CO^3$	801,651	9039854
„ „	$CaO + CO^3 + HO$	914,151	9610180
„ „	$CaO + CO^3 + 2HO$	1026,651	0114228
Weinsteinsaures Kali	$KO + C^4H^2O^5$	1414,300	1505415
Saures „ „	$KO + 2(C^4H^2O^5)$ $+ HO$	2351,800	3714004
Weinsteinsaurer Kalk	$CaO + C^4H^2O^5$ $+ 4HO$	1626,651	2112945
Weinsteins. Antimon-oxyd - Kali	$KO + SbO^3$ $+ 2(C^4H^2O^5) + HO$	4264,703	6298888
Essigsaures Natron	$NaO + C^4H^3O^3$	1027,229	0116672
„ „	$NaO + C^4H^3O^3$ $+ 6HO$	1702,229	2310180
„ „	$NaO + C^4H^3O^3$ $+ 9HO$	2039,729	3095725
Essigsaures Bleioxyd	$PbO + C^4H^3O^3$	2032,145	3079547
„ „	$PbO + C^4H^3O^3$ $+ 3HO$	2369,645	3746833
Cyankalium	KCy	814,360	9108164
Kalium - Eisencyanür	$2KCy + FeCy$	2304,307	3625403
„ „	$2KCy + FeCy$ $+ 3HO$	2641,807	4219011
Kalium - Eisencyanid	$3KCy + FeCy^3$	4119,314	6148249

Berichtigung des Atomgewichts

Bei der Ausarbeitung dieser Tabellen ist die Abhandlung einer Arbeit übersehen worden, in welcher R. F. Marchand und Scheerer das Atomgewicht der Magnesia aufs Neue bestimmt und berichtigt haben. (Journ. für prakt. Chem. L. 385. Ann. der Chem. und Pharm.

Die in den Tabellen angegebenen Verbindungen der Magnesia erhalten hiernach folgende Zahlenveränderungen:

Gefunden.	Gesucht.	1.	2.
Zu Seite 14. III. Arsenik. As.			
7) Arseniks. Ammon.-Magnesia $2MgO+NH^4O+AsO^5+HO$	Arsenik As	0,39466	0,78932
8) Arseniks. Ammon.-Magnesia $2MgO+NH^4O+AsO^5+HO$	Arsenichte Säure AsO^3	0,52096	1,04192
9) Arseniks. Ammon.-Magnesia $2MgO+HN^4O+AsO^5+HO$	Arseniksäure AsO^5	0,60515	1,21030
10) Arseniks. Ammon.-Magnesia $2MgO+NH^4O+AsO^5+HO$	Schwefelarsenik AsS^3	0,64820	1,29640
Zu Seite 48. XXVIII. Magnesium. Mg.			
1) Magnesia MgO	Magnesium Mg	0,60030	1,20060
2) Magnesia MgO	Sauerstoff O	0,39970	0,79940
3) Schwefelsaure Magnesia $MgO+SO^3$	Magnesia MgO	0,33317	0,66634
4) Phosphorsaure Magnesia $2MgO+PO^5$	Magnesia $2MgO$	0,35936	0,71872

der Magnesia.

LXXVI. 219). Sie nehmen das Atomgewicht der Magnesia zu 250,190
an. Hiernach ist das Atomgewicht des Magnesiums:

$$(O = 100) \text{ Mg} = 150,190 \ log = 1766410$$
$$(H = 1) \text{ Mg} = 20,016 \ log = 3013773$$

3.	4.	5.	6.	7.	8.	9.
1,18398	1,57864	1,97330	2,36796	2,76262	3,15728	3,55194
1,56288	2,08384	2,60480	3,12576	3,64672	4,16768	4,68864
1,81545	2,42060	3,02575	3,63090	4,23605	4,84120	5,44635
1,94460	2,59280	3,24100	3.88920	4,53740	5,18560	5,83380
1,80090	2,40120	3,00150	3,60180	4,20210	4,80240	5,40270
1,19910	1,59880	1,99850	2,39820	2,79790	3,19760	3,59730
0,99951	1,33268	1,66585	1,99902	2,33219	2,66536	2,99853
1,07808	1,43744	1,79680	2,15616	2,51552	2,87488	3,23424

Gefunden.	Gesucht.	**1.**	**2.**
Zu Seite 62. **XXXVII.** Phosphor. P.			
9) Phosphorsaure Magnesia $2\,MgO + PO^5$	Phosphorsäure PO^5	0,64064	1,28128
10) Phosphorsaure Magnesia $2\,MgO + PO^5$	Unterphospho-richte Säure PO	0,35337	0,70674
11) Phosphorsaure Magnesia $2\,MgO + PO^5$	Phosphorichte Säure PO^3	0,49700	0,99401

3.	4.	5.	6.	7.	8.	9.
1,92192	2,56256	3,20320	3,84384	4,48448	5,12512	5,76576
1,06011	1,41348	1,76685	2,12022	2,47359	2,82696	3,18033
1,49101	1,98802	2,48502	2,98203	3,47903	3,97604	4,47304

Tafel

über

das specifische und absolute Gewicht der wichtigsten Gase
und über das Bestandtheils- und Verdichtungs-Verhältniss
bei den zusammengesetzten unter ihnen.

Die folgenden Tafeln gewähren einen mehrseitigen Nutzen, und
sind daher weiter ausgedehnt, als es zum Behufe analytischer Untersuchungen nöthig gewesen wäre. Sie enthalten in der ersten Spalte
die Namen der Gase; in der zweiten die Bestandtheile der zusammengesetzten Gase, dem Volumen nach angegeben; in der dritten
das Verdichtungs-Verhältniss, oder das Verhältniss der Räume,
welche diese Bestandtheile zusammengenommen vor und nach ihrer
Verbindung bei Gleichheit der Temperatur und des Drucks erfüllen;
in der vierten das beobachtete specifische Gewicht; in der fünften
die Namen der Beobachter; in der sechsten das berechnete specifische Gewicht aller in der ersten Spalte genannten Gase; und in
den neun übrigen das absolute Gewicht derselben, in Grammen
ausgedrückt, für 1000 bis 9000 Cubikcentimeter, bei 0° Temperatur
und 0,76 Meter Barometerstand. Zu den Gasen sind hier auch die
Dämpfe gezählt, weil sie sich von ersteren nur durch ihre Fähigkeit,
sich leichter zum tropfbar flüssigen oder festen Zustand zu verdich-
ten, unterscheiden. Man hat zwar in neueren Zeiten noch die specifischen Gewichte der Dämpfe sehr vieler, besonders organischer
Substanzen bestimmt, sie sind aber für die analytische Chemie meisten-
theils so wenig wichtig, dass es unzweckmässig sein würde, sie alle
hier aufzunehmen. Es ist deshalb hier nur einiger der wichtigsten
derselben Erwähnung gethan.

Zur Erläuterung dieser Tafel diene Nachstehendes:

Spalte I. Namen der Gase. Alle in dieser Spalte aufgeführten Körper, einfache wie zusammengesetzte, hat man sich als
in den gasförmigen Zustand versetzt zu denken. Was die einfachen

unter ihnen betrifft, so sind von denselben bis jetzt nur Arsenik, Brom, Chlor, Jod, Phosphor, Quecksilber, Sauerstoff, Schwefel, Stickstoff und Wasserstoff für sich im gasförmigen Zustande gewogen worden; das specifische Gewicht des Gases vom Antimon, Bor, Fluor, Kiesel, Kohle und Selen hat man bloss aus den ihrer gasförmigen Verbindungen mit anderen Körpern nach mehr oder weniger triftigen Gründen der Wahrscheinlichkeit festzusetzen gesucht, und es ist also möglich, dass künftige Untersuchungen hierin noch Manches ändern werden. Auch unter den zusammengesetzten Substanzen befinden sich mehrere, die entweder rein hypothetisch sind, oder die noch nicht für sich dargestellt wurden, oder, wenn dies auch der Fall ist, die man wenigstens noch nicht in Gasgestalt versetzt und gewogen hat.

Spalte II. Bestandtheile eines Volums der zusammengesetzten Gase. Diese Bestandtheile sind hier in Raumtheilen angegeben. Alle vor den Symbolen der Elemente stehenden Zahlen bedeuten also Volume oder Maasse, nicht, wie sonst, Atomgewichte.

Die Zusammensetzung einiger Verbindungen, wie sie in dieser Spalte in Volumtheilen angegeben ist, wird man verschieden finden von der, wie man sie gewöhnlich in Atomgewichten angiebt. Der Grund hiervon ist folgender: Früher glaubte man annehmen zu dürfen, dass die specifischen Gewichte der elementaren Gase, d. h. die absoluten Gewichte derselben bei Gleichheit des Volumens, des Drucks und der Temperatur, proportional seien den Atomgewichten, oder anders ausgedrückt, dass gleiche Volume der in Gasgestalt versetzten Elemente, bei gleichem Druck und gleicher Temperatur, auch stets eine gleiche Anzahl von Atomen derselben enthalten. Nach dieser Annahme würden sich die Mengen der Atome, welche in irgend zwei Gasvolumen von verschiedener Grösse enthalten sind, geradezu wie die Grösse dieser Volume verhalten. So lange man nur das specifische Gewicht der für gewöhnlich gasförmigen Elemente Sauerstoff, Stickstoff, Wasserstoff und Chlor kannte, hatte man keinen Grund, von dieser einfachen Hypothese abzugehen; ja man war sogar berechtigt, dieselbe bei der Bestimmung des Wasserstoffatoms als Richtschnur anzunehmen, und ihr gemäss, weil der Wasserdampf aus zwei Volumen Wasserstoffgas und einem Volum Sauerstoffgas besteht, auch das Wasser als zusammengesetzt aus zwei Atomen Wasserstoff und einem Atom Sauerstoff zu betrachten, wiewohl man es, nach dem Beispiele vieler Chemiker, eben so gut als bestehend aus gleicher Atomenzahl von beiden Elementen ansehen könnte, wenn man das Wasserstoffatom doppelt so schwer annähme, als es gewöhnlich geschieht.

Spätere Wägungen einiger nicht permanenten elementaren Gase, namentlich von Dumas und Mitscherlich unternommen, haben indess gezeigt, dass jene Hypothese nicht mehr haltbar ist, oder weñigstens, dass man, um sie aufrecht zu erhalten, sehr gezwungene Umänderungen mit den Atomgewichten vornehmen müsste. Es hat sich nämlich ergeben, dass das Schwefelgas 3 Mal, das Phosphor- und Arsenikgas 2 Mal, und das Quecksilbergas $1/2$ Mal so schwer ist, als es die eben erwähnte Hypothese vermuthen liess. Wollte man nun beim Schwefel noch jetzt das Atomgewicht als gleich dem Gewichte eines Volums betrachten, so wäre man genöthigt, die Schwefelsäure aus einem Atom Schwefel und neun Atomen Sauerstoff bestehend anzusehen. Dem heutigen Standpunkte der Wissenschaft ist es also angemessener, zwischen dem Atomgewicht der Elemente und ihrem specifischen Gewichte in Gasgestalt einen Unterschied zu machen, also anzunehmen, wie man es für die zusammengesetzten Gase schon immer hat thun müssen, dass bei Gleichheit des Volumens, des Drucks und der Temperatur, die elementaren Gase nicht sämmtlich gleichviel Atome enthalten. Nimmt man z. B. an, dass bei 0⁰ C. und 0,76 Meter Barometerstand in einem Cubikcentimeter Sauerstoffgas 100 Sauerstoffatome befindlich sind, so würde man sagen müssen: Unter gleichen Umständen sind in 1 Cubikcentimeter Schwefelgas 300 Schwefelatome, in 1 Cubikcentimeter Phosphor- oder Arsenikgas 200 Phosphor- oder Arsenikatome, und in 1 Cubikcentimeter Quecksilbergas 50 Quecksilberatome. Unterstützt wird diese atomistische Ansicht dadurch, dass, so weit die bisherige Erfahrung reicht, die beobachteten specifischen Gewichte der elementaren Gase, in Fällen, wo sie nicht mit den aus den Atomgewichten direct berechneten zusammenfallen, wirklich immer nahe ganze Multipla oder Submultipla von ihnen zu sein scheinen.

Dieser letzte Umstand erlaubt auch jetzt noch, die specifischen Gewichte der in Gas verwandelten Elemente aus ihren Atomgewichten abzuleiten, und zwar mit grösserer Genauigkeit, als sie direct durch Wägungen festzustellen sind, sobald man nur durch Versuche die ganze Zahl ermittelt hat, mit welcher das Atomgewicht zu multipliciren oder zu dividiren ist. Man findet dadurch zunächst das specifische Gewicht des elementaren Gases gegen das des Sauerstoffgases als Einheit, weil bei den Atomgewichten das des Sauerstoffs als Einheit genommen ist; man braucht es aber nur mit dem specifischen Gewichte des Sauerstoffgases, wie es gegen das zur Einheit angenommene der atmosphärischen Luft bestimmt ist, d. h. mit 1,10563 zu multipliciren, um das des elementaren Gases ebenfalls in Bezug auf dieselbe Einheit zu erhalten. Auf diese Weise sind alle in der Tafel enthaltenen specifischen Gewichte der elementaren Gase festgestellt.

Zu verschweigen ist hier jedoch nicht, dass neuere Wägungen von zusammengesetzten Gasen das eben Gesagte einigermassen in Zweifel gestellt haben. Während man nämlich bisher als Grundsatz annahm, dass die specifischen Gewichte der Gase und Dämpfe, bezogen auf eins von ihnen, z. B. auf das der atmosphärischen Luft, bei jedem Druck und jeder Temperatur constante Zahlen seien, haben Cahours und Bineau bei den Dämpfen der Essigsäure, der Ameisensäure und der wasserhaltigen Schwefelsäure (Poggendorff, Annalen Bd. 63. S. 193; Bd. 65. S. 424. und Bd. 70. S. 172) das Gegentheil gefunden. Das specifische Gewicht dieser Dämpfe war in niederen Temperaturen grösser, als es nach der Theorie sein sollte, nahm mit steigenden Temperaturen ab, und näherte sich somit immer mehr dem theoretischen Werthe. Diese Erscheinung ist wohl füglich nicht anders zu erklären, als durch eine Abweichung der Dämpfe von dem Mariotte'schen Gesetze und dem Gay-Lussac'schen der Ausdehnung durch die Wärme, zumal Regnault bei der Kohlensäure und bei einigen Dämpfen in der Nähe ihrer Condensationspunkte solche Abweichungen direct nachgewiesen hat.

Es ist möglich und mitunter sehr wahrscheinlich, dass solche Abweichungen bei allen Gasen und Dämpfen in der Nähe ihrer Condensationspunkte vorkommen, und dass folglich der Satz von der Constanz ihrer relativen Dichtigkeiten nur bei grösserer Entfernung von den Condensationspunkten richtig ist. Allein in Ermangelung hinreichender Versuche hierüber bleibt gegenwärtig nichts anderes übrig, als den obigen Satz noch aufrecht zu erhalten, und daher ist er auch in der Tafel überall zum Grunde gelegt.

Für die Elemente Bor, Fluor, Kiesel und Kohle, welche man für sich noch nicht im gasförmigen Zustande hat darstellen, geschweige denn wägen können, sind, in Ermangelung eines besseren Anhaltspunktes, die specifischen Gewichte ihrer Gase einstweilen direct den Atomgewichten proportional gesetzt. Dagegen ist das Antimongas doppelt so schwer angenommen, als es sich aus dem Atomgewichte ergiebt, weil dies, in Analogie mit dem Arsenikgase, die meiste Wahrscheinlichkeit für sich hat.

Aus dieser Spalte ersieht man nun übrigens, wie viel, entweder in Wirklichkeit oder der wahrscheinlichsten Hypothese nach, ein Volum eines zusammengesetzten Gases an Volumen seiner Bestandtheile enthält; und wenn diese Bestandtheile wiederum zusammengesetzt sind, erfährt man gleichergestalt, wie viele Volume an elementaren Gasen zur Bildung sowohl dieser Bestandtheile, als auch des aus ihrer Verbindung entstandenen Gases beigetragen haben. So findet man z. B., dass ein Volum Cyanwasserstoff enthält an näheren Bestandtheilen ein halbes Volum Cyangas und ein halbes Volum Wasserstoffgas, und an entfernteren Bestandtheilen ein halbes Volum Stickstoffgas, ein halbes Volum Kohlengas und ein halbes Volum Wasserstoffgas. Ein ferneres Beispiel liefert das Aethergas; ein Volum desselben besteht entweder aus 2 Volumen Kohlengas, 5 Volumen Wasserstoffgas und $1/_2$ Volum Sauerstoffgas, oder aus 2 Volumen ölbildendes Gas und 1 Volum Wassergas, oder aus 1 Volum Aethyl und $1/_2$ Volum Sauerstoffgas.

Es ist jedoch zu bemerken, dass bei den Gasen der organischen Substanzen, wie Aether, Alkohol u. s. w., die in der Columne angegebene binäre Zusammensetzung nur hypothetisch ist, wenn man auch die beiden Stoffe, welche nach einer solchen Annahme darin vorhanden sein sollen, wirklich im gasförmigen Zustande kennt und gewogen hat. Schon bei unorganischen Verbindungen können wir über die Vereinigungsart der Elemente in denselben nur Vermuthungen aufstellen, und dies muss bei organischen Verbindungen in noch höherem Maasse der Fall sein, da wir diese wohl in die angegebenen Bestandtheile zerfällen, fast nie aber wieder aus denselben zusammensetzen können. Die aufgestellten binären Zusammensetzungen der organischen Gase hat man demnach nur als ein für anderweitige Vergleichungen nützliches Bild anzusehen. Für ihre Richtigkeit spricht nicht, dass die nach ihnen berechneten specifischen Gewichte mit den beobachteten übereinstimmen; denn es lassen sich unzählige solcher Zusammensetzungen aufstellen, die alle dieselbe Eigenschaft besitzen, und selbst die unmittelbare Zusammensetzung dieser Gase aus ihren Elementen führt immer zu gleichem Resultat. Wenn man z. B. das specifische Gewicht des Kohlengases zwei Mal, das des Wasserstoffgases fünf Mal, und das des Sauerstoffgases ein halbes Mal nimmt, so giebt die Summe dieser Producte das specifische Gewicht des Aethergases eben so gut, wie wenn man zum doppelten specifischen Gewicht des ölbildenden Gases das einfache des Wassers addirt, oder dem einfachen specifischen Gewicht des Aethyls das halbe des Sauerstoffgases hinzufügt.

Sehr häufig sind in der zweiten Spalte da, wo die Volummengen der Bestandtheile e i n e s Volums vom zusammengesetzten Gase Bruchzahlen sind, diese Brüche nicht auf die kleinste Form zurückgeführt, sondern immer mit gleichen Nennern angegeben worden. Dies geschah aus keinem andern Grunde, als um die Uebersicht der Verhältnisse zu erleichtern.

S p a l t e III. V e r d i c h t u n g s v e r h ä l t n i s s e. Diese Spalte enthält ein den zusammengesetzten Gasen eigenthümliches Element, welches zwischen zwei, den Gewichtsverhältnissen ihrer Bestandtheile nach, völlig gleich zusammengesetzten Verbindungen einen wesentlichen Unterschied feststellen kann, nämlich das Verhältniss des Raumes, den die Bestandtheile eines Gases zusammengenommen v o r und n a c h ihrer Verbindung einnehmen. Dies Verhältniss ist in der vorliegenden Tafel schlechthin V e r d i c h t u n g s v e r h ä l t n i s s genannt, weil in der That in den meisten Fällen die Bestandtheile zusammengenommen vor ihrer chemischen Vereinigung einen g r ö s - s e r e n Raum einnehmen als nachher; folglich eine wirkliche Verdichtung stattfindet. Es können indess auch Fälle vorkommen, wo die Bestandtheile zusammengenommen vor ihrer Verbindung einen k l e i n e r e n Raum erfüllen als nachher, wo also eine V e r d ü n - n u n g stattfindet. Ist das für das Kohlengas hypothetisch angenommene specifische Gewicht richtig, so findet eine solche Verdünnung z. B. bei dem S c h w e f e l k o h l e n s t o f f statt. Es verdient bemerkt zu werden, dass bei den festen Verbindungen, bei denen sich auch, wiewohl viel geringere Volumveränderungen in der Summe der Bestandtheile vor und nach ihrer Vereinigung darbieten, auch dergleichen V e r d ü n n u n g e n vorkommen. Die Erscheinungen sind hier aber verwickelter, da sie mit der Krystallform der Bestandtheile und ihrer Verbindung im Zusammenhange zu stehen scheinen.

Die angegebenen Verdichtungsverhältnisse beziehen sich immer nur auf die Bestandtheile zusammengenommen, nicht auf dieselben einzeln betrachtet. Die Summe der Bestandtheile weist, mit Ausnahme des oben angeführten Falles, immer eine Verdichtung nach, die einzelnen Bestandtheile aber können dabei entweder verdichtet werden oder unverdichtet bleiben, oder verdünnt werden. Beim Schwefelwasserstoffgas z. B. hat das Schwefelgas eine Verdünnung wie 1 : 6 erlitten, das Wasserstoffgas aber ist unverdichtet geblieben. Bei den Gasen, deren binäre Bestandtheile wiederum zusammengesetzt sind, wie z. B. beim Aether und Alkohol, bezieht sich das angegebene Verdichtungs-Verhältniss nicht auf die entfernten, sondern auf die näheren Bestandtheile, und zwar auch hier auf ihre Summe. Je nach der binären Zusammensetzung, die man für ein solches Gas aufgestellt hat, ist auch die Verdichtung verschieden. Betrachtet man das Alkoholgas als, bestehend aus ölbildendem Gas und Wassergas, so ist das Verdichtungs - Verhältniss 2 : 1; sieht man es aber als zusammengesetzt aus Aethyloxyd und Wasser an, so ist das Verdichtungs - Verhältniss 1 : 1, oder es hat bei dem Acte der Verbindung keine Verdichtung stattgefunden. Will man bloss die Verdichtungen oder Verdünnungen der Elemente des Alkoholgases in Betracht ziehen, so hat man $CH^3O^1/_2$, und daraus geht hervor, dass das Kohlengas unverdichtet geblieben, das Wasserstoffgas drei Mal verdichtet, und das Sauerstoffgas zwei Mal verdünnt worden ist.

Aus den Spalten II. und III. lassen sich viele lehrreiche Umstände leicht übersehen. So z. B. sieht man, dass das Sauerstoffgas, wenn es durch Aufnahme von Kohle in Kohlensäure übergeht, sein Volumen nicht verändert; dass es aber, wenn es durch Aufnahme von der doppelten Menge Kohle in Kohlenoxydgas verwandelt wird, sein Volumen verdoppelt; ferner, dass, wenn man aus Schwefelwasserstoffgas den Schwefel durch Erhitzung mit einem Metalle fortnimmt, ein eben so grosses Volumen Wasserstoffgas zurückbleibt; dass dagegen, wenn man Chlorwasserstoffgas über ein Metall hinwegstreichen lässt, nur ein halb so grosses Volumen Wasserstoffgas frei wird; dass andererseits, wenn man aus 1 Vol. Phosphorwasserstoffgas den Phosphor fortnimmt, $1^1/_2$ Vol. Wasserstoffgas zurückbleiben. Eben so ist ersichtlich, dass man 3 Vol. Sauerstoffgas zur vollständigen Verbrennung von 1 Vol. ölbildenden Gases nöthig hat, weil in diesem Gase 1 Vol. Kohlengas und 2 Vol. Wasserstoffgas vorhanden sind, und das erstere 2 Vol., und die letzteren 1 Vol. Sauerstoffgas zu ihrer Umwandlung in Kohlensäure und Wasser erfordern. Zur vollständigen Verbrennung von 1 Vol. Kohlenoxyd ist aus einem ähnlichen Grunde $1/_2$ Vol. Sauerstoffgas nöthig. Endlich ist in der dritten Spalte noch bei den Gasen der einfachen Substanzen angegeben, wie viel Atome sich relativ in einem Volum befinden; dass z. B. im Gase des Antimons und Arseniks z w e i Atome, in dem des Quecksilbers dagegen nur ein halbes Atom enthalten ist.

Spalte IV. Beobachtetes specifisches Gewicht. — Die Zahlen dieser Spalte sind die Resultate der zuverlässigsten Wägungen der in Spalte V. angeführten Beobachter. Aus den Lücken in der Spalte IV. ersieht man, von welchen Gasen das specifische Gewicht ein hypothetisches ist.

Spalte VI. Berechnetes specifisches Gewicht. Alle in dieser Spalte angeführten specifischen Gewichte sind auf die angegebene Weise aus den Atomgewichten hergeleitet, und beziehen sich auf das specifische Gewicht der atmosphärischen Luft. Wollte man sie auf das specifische Gewicht des Sauerstoffgases beziehen, so müsste man alle Zahlen durch dieses Gewicht dividiren.

Spalte VII. bis XV. Absolutes Gewicht der Gase. Da das französische Maass- und Gewichtssystem anerkannte Vorzüge hat, und die Fundamentalwägungen bereits in diesem System angegeben sind, so wurde dasselbe auch hier zum Grunde gelegt. Die erste dieser neun Spalten enthält das in Grammen ausgedrückte Gewicht von einem Liter oder von 1000 Cubikcentimetern eines jeden Gases, wenn es sich unter dem Drucke von einer 0,76 Meter hohen Quecksilbersäule (nahe dem mittleren Druck der Atmosphäre in Berlin oder an anderen Orten überhaupt, die wenig über dem Meere liegen) und bei der Temperatur 0^0 C. befindet. Bei dieser Temperatur können nun zwar die sogenannten Dämpfe, welche bei weitem die Mehrzahl der in der Tafel aufgeführten Gase ausmachen, nicht den eben genannten Druck ertragen, ohne in den tropfbaren oder festen Zustand zurückzukehren, und es sind demnach die Gewichtsangaben derselben in dieser Spalte ideelle Zahlen. Mittelst des Mariotte'schen Gesetzes und des von Gay-Lussac aufgestellten, von Rudberg, Magnus und Regnault für die Wärmeausdehnung der Gase verbesserten Gesetzes lässt sich indess leicht, freilich unter Voraussetzung seiner allgemeinen Gültigkeit für alle Gase, aus diesen Zahlen das Gewicht jener Gase für Temperaturen finden, bei welchen sie dem Druck der Atmosphäre oder überhaupt irgend einem anderen Druck wirklich das Gleichgewicht halten. Will man z. B. das Gewicht von 1000 Cubikcentimetern eines Wasserdampfes erfahren, der für sich bei 100^0 C. dem Druck einer 0,76 Meter hohen Quecksilbersäule das Gleichgewicht hält, so braucht man nur das in der Spalte angegebene Gewicht von 0,80475 Grammen durch 1,367 (der Vergrösserung eines jeden Gasvolums von 0^0 bis 100^0 C.) zu dividiren. Ueberhaupt wenn die Temperatur nicht Null, sondern eine beliebige t, und der Druck nicht 0,76 Meter, sondern ein beliebiger von p Metern ist, erfährt man das Gewicht von 1000 Cubikcentimetern eines Gases, wenn man das bei 0^0 C. und 0,76 Meter dividirt durch $1 + 0,0367 . t$ und multiplicirt durch $\dfrac{p}{0,76}$. Die in der Spalte VII. enthaltenen Gewichte von 1000 Cubikcentimetern Gas bei 0^0 Wärme und 0,76 Meter Druck sind übrigens Multiplicationen der in der Spalte VI. enthaltenen specifischen Gewichte, durch das Gewicht einer gleichen Volumenmenge trockener atmosphärischer Luft unter denselben Umständen, ein Gewicht, welches nach Regnault's Wägungen 1,2936348 Grm. beträgt.

Den Gebrauch dieser letzten Spalten wird man am besten aus einem Beispiele ersehen. Gesetzt man habe eine Substanz, welche neben Stickstoff und Kohle noch Wasserstoff und Sauerstoff enthält, wie z. B. Harnstoff, vermittelst Kupferoxyd verbrannt, und gefunden, dass eine gewisse Menge derselben 480 Cubikcentimeter eines Gasgemenges gegeben, das durch Kalihydrat zerlegt, sich aus gleichen Volumen Kohlensäure- und Stickstoffgas erwies. Es entsteht nun die Frage: Wenn der ganze Kohlegehalt der Substanz mit Stickstoff verbunden als Cyan in derselben angenommen werden kann, wie viel Cyan, und noch ausserdem Stickstoff ist in derselben vorhanden? und wenn dieser überschüssige Stickstoff als Ammoniak oder als Ammoniumoxyd in der Substanz angenommen werden kann, wie viel dem Gewichte nach ist Cyan und Ammoniak in der untersuchten Substanz? Aus der Spalte II. ersieht man, dass in 1 Vol. Kohlensäure $\frac{1}{2}$ Vol. Kohle enthalten ist; in 1 Vol. Cyan sind aber enthalten 1 Vol. Kohle und 1 Vol. Stickstoffgas. Die gefundenen 240 Cubikcentimeter Kohlensäuregas entsprechen also 120 Cubikcentimeter Cyangas, und nach den Tabellen wiegen diese 0,2789556 Grm. In 120 Cubikcentimetern Cyangas sind aber 120 Cubikcentimeter Stickstoffgas enthalten. Von den erhaltenen 240 Cubikcentimetern Stickstoffgas gehören also 120 dem Cyan und 120 dem Ammoniak. In einem Volumen des letzteren sind aber, wie man aus den Tabellen ersieht, $\frac{1}{2}$ Vol. Stickstoffgas mit $1\frac{1}{2}$ Vol. Wasserstoffgas verbunden; also entsprechen 120 Cubikcentimetern Stickstoffgas 240 Cubikcentimeter Ammoniak, welche nach den Tabellen 0,182412 Grm. wiegen. In der Quantität der untersuchten Substanz, welche durch Verbrennung mit Kupferoxyd 480 Cubikcentimeter eines Gasgemenges von gleichen Volumen Kohlensäure- und Stickstoffgas gegeben hatten, waren also 0,2789 Grm. Cyan und 0,182412 Grm. Ammoniak oder 0,278956 Grm. Ammoniumoxyd enthalten.

Dergleichen Herleitungen der Gewichtsmengen aus dem Volumen setzen voraus, dass die Gase vollkommen trocken sind, denn die Tabellen geben natürlich nur das Gewicht der trockenen Gase an. Indessen lässt sich auch aus feuchten Gasen das Gewicht derselben vermittelst der Tabellen finden, nur muss man dann die Gase auf den Punkt der höchsten Feuchtigkeit bringen, und zugleich die Temperatur nebst dem Druck, welchem sie ausgesetzt sind, nach den im Anhange des zweiten Theiles des Handbuches gegebenen

Regeln beobachten. Aus der Tafel Seite 1016 findet man, welchem
Theile dieses Druckes der Wasserdampf vermöge seiner Spannkraft
bei der beobachteten Temperatur das Gleichgewicht hält, und wenn
man diesen Drucktheil von dem gesammten Druck abzieht, so be-
kommt man, wie dies schon an der bemerkten Stelle des Handbuches
gezeigt worden ist, den Druck, .den das trockene Gas erleidet. Hätte
man 240 Cubikcentimeter vollkommen feuchte Kohlensäure bei
+ 20° C. und unter einem Druck von 760 Millimetern, so findet
man nach der Seite 1016 angeführten kleinen Tabelle, dass 17,396
Millimeter auf Rechnung der Spannkraft des Wasserdampfes kommen. Die trockene Kohlensäure würde also unter einem Drucke von
747,604 Millimetern Quecksilber stehen. Das Gewicht von 240 Cubikcentimetern Kohlensäure, wie es die nachfolgenden Tafeln geben,
nämlich 0,47199, muss mit 747,604 multiplicirt und mit 760 dividirt
werden. Da sie aber auch die Temperatur von 20° C. hat, so muss
man das so erhaltene Gewicht durch (1 + 0,0367 . 20) dividiren.
oder in diesem Falle, weil das Gas aus Kohlensäure besteht, durch
(1 + 0,0371 . 20) (Seite 1007 des zweiten Theiles des Handbuches).
Dadurch findet man das Gewicht von 240 Cubikcentimetern bei 20° C.,
und 760 Millimetern Barometerstand gleich 0,22381 Grm. Es ist aber
schon Seite 1018 angeführt worden, dass es in den meisten Fällen
besser ist, namentlich wenn die Gase nicht sehr zusammengesetzt
sind, dieselben zu trocknen, weil das Wasser stets etwas von ihnen,
und namentlich vom Kohlensäuregas absorbirt, und wenn sie leicht
löslich sind, die Spannkraft des Dampfes der Lösung nicht mehr der
des reinen Wasserdampfes gleich ist.